LE MYSTÈRE

DU

SYSTÈME PLANÉTAIRE DÉVOILÉ.

LE MYSTÈRE

DU

SYSTÈME PLANÉTAIRE DÉVOILÉ

ET MIS

A LA PORTÉE DE TOUTES LES INTELLIGENCES.

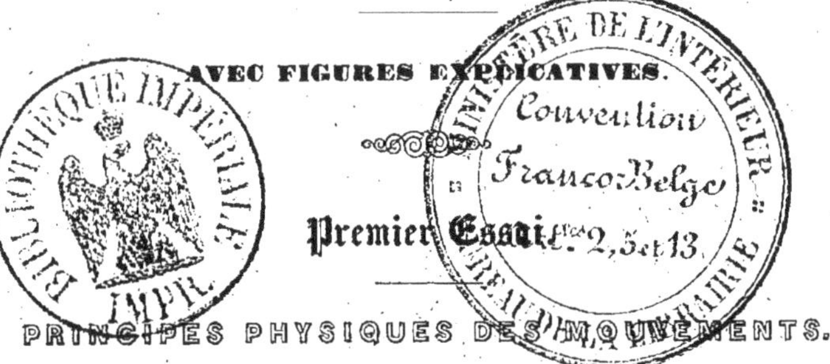

AVEC FIGURES EXPLICATIVES.

Premier Essai.

PRINCIPES PHYSIQUES DES MOUVEMENTS.

Par T. Baumhauer,

Artiste peintre.

BRUXELLES,

LIBRAIRIE ENCYCLOPÉDIQUE DE PERICHON.

PARIS,

BORRANI ET DROZ, LIBRAIRES,

9, rue des Saints-Pères.

1854

INTRODUCTION.

Le motif principal qui m'a décidé, après de longues hésitations, à publier mes idées sur le système planétaire, est qu'il s'agit d'un principe et de son application universelle. Or un principe réputé même absurde, pris isolément, deviendrait vrai et incontestable, si l'on pouvait en déduire logiquement tous les effets.

« L'universalité d'application rend seule un principe « inébranlable (Azais). »

« Un principe, dit Bailly, ne peut être vrai que quand « il embrasse tous les effets. »

« Une science bien traitée, dit Condillac, est un sys« tème bien fait. Or dans un système, il n'y a en général « que deux choses : les principes et les conséquences. »

« Plus on diminue le nombre des principes d'une « science, dit d'Alembert, plus on leur donne d'étendue ; « puisque l'objet d'une science étant nécessairement dé« terminé, les principes appliqués à cet objet seront « d'autant plus féconds, qu'ils seront en petit nombre.

Condillac a fait cette espèce de prédiction : « Peut-être « trouverons-nous une loi qui tiendra lieu de toutes les « lois, parce qu'elle sera applicable à tous les cas. Alors

« notre système serait aussi parfait qu'il peut l'être, et il « ne manquerait plus rien à la partie de la physique qui « traite du mouvement. »

« La loi des mouvements, dit Bacon, la recherche, la « découverte et l'explication de l'action réciproque des « corps, voilà les véritables fondements des sciences..... « C'est donc en généralisant les principes jusqu'à les ré« duire en un seul, s'il est possible, qu'on arrêtera le « cours des systèmes et qu'on viendra à bout de fixer les « variations de l'expérience, qui semble se contredire « pour se jouer des philosophes.

« L'univers, pour qui saurait l'embrasser d'un seul « point de vue, dit d'Alembert, ne serait, s'il est permis « de le dire, qu'un fait unique et une grande vérité. »

« Le véritable savant, le véritable philosophe, dit « Rollin, ne s'arrête ni à l'autorité des autres (1), ni à ses « préjugés. Il remonte toujours, jusqu'à ce qu'il trouve « un principe de lumière naturelle, et une vérité si claire, « qu'il ne la puisse révoquer en doute. Mais aussi, quand « il l'a une fois trouvée, il en tire hardiment toutes les « conséquences et ne s'en écarte jamais. »

Sans prétendre aux qualités de savant ou de philosophe, je suivrai cette dernière maxime dans le cours de cet ouvrage, parce que je ne puis pas faire autrement.

Quant aux autorités, je n'en reconnais aucune autre,

(1) Dans le cas bien entendu que cette autorité contrarie son principe de lumière ; mais si elle prêche ce même principe, il doit la citer et s'en servir même pour mieux faire sentir sa valeur.

que celle de la saine raison; c'est la seule légitime qui existe pour l'homme, et tel individu, dans la position sociale la plus obscure que possible, serait le Roi des Rois en fait d'autorité légale, s'il possédait en même temps au plus haut degré possible cette raison.

Pour être bien compris, et pour pouvoir bien apprécier le système que je vous présente, cher lecteur, je dois vous demander une grâce : c'est de commencer par le commencement et de finir par la fin. Je conviens que vous aurez besoin de patience pour écouter mes paroles, mais sans cela il sera impossible que vous puissiez en apprécier la valeur. Enfin il faut aussi vouloir comprendre. Le sourd le plus sourd est celui qui ne veut pas entendre.

Grâce encore pour le style; je m'exprime dans une langue étrangère pour moi, et l'habitude d'écrire pour le public me manque totalement; mais je tâcherai de me faire comprendre, ce qui est ici l'essentiel.

LE MYSTÈRE
DU
SYSTÈME PLANÉTAIRE DÉVOILÉ.

PREMIÈRE PARTIE.

Erreurs et contradictions du système du monde actuel.

SYSTÈME DE NEWTON.

Examinons d'abord aussi brièvement que possible, le *grand* effet de notre système planétaire ; l'effet le plus *essentiel* entre tous les autres, peut-être pourrait-on dire l'effet *unique*, avant de nous occuper des effets plus ou moins secondaires.

Quel est-il ce *grand* effet, l'effet *général, universel?* c'est incontestablement celui de la *circulation dans des temps invariables de toutes les planètes avec leurs satellites autour du soleil.*

Quelle est la cause de cet effet d'après Newton?

C'est la volonté de Dieu.

Sans doute, c'est la volonté de Dieu ! mais si cette cause suffit pour expliquer physiquement l'effet *principal,* pourquoi Newton n'a-t-il pas attribué les effets accessoires à la même cause? Dans ce cas il n'eût pas menti

1.

du moins, et tout aurait pu se comprendre comme par enchantement.

Ces quelques mots pourraient suffire à la rigueur, pour mettre au néant ce système; car si l'effet *général* et *principal* n'est pas expliqué physiquement, les effets secondaires cessent d'avoir une cause rationnelle. Mais cette malheureuse fièvre de l'attraction, dont était atteint Newton, s'est communiquée par contagion à tous les hommes de la terre, s'occupant de science, et ils s'y sont tellement habitués pendant deux siècles, qu'ils ne sentent plus aujourd'hui toutes les contradictions et toutes les erreurs qui en découlent.

Un poëte allemand a dit quelque part: « L'habitude est « la force magique de la Providence, et pour aimer le « diable, on n'a qu'à manger avec lui pendant une année « à la même table. »

Mais continuons le système entamé.

Une pomme tombe d'un arbre sur la tête de Newton comme il est rapporté dans les livres. Il suppose de suite cette pomme à la hauteur de la Lune, et se demande pourquoi cet astre ne se précipite pas sur la terre.

C'est bien ingénieux! Mais heureusement pour lui, cette pomme n'était pas la Lune, autrement nous eussions été préservés de sa fièvre de l'attraction.

Il parvint, comme il est dit dans les livres sur l'astronomie, à établir sa loi générale (toujours à l'exception de l'effet général), parce qu'il vit que tous les corps *tombaient* à la surface de la terre de quinze pieds pendant la première seconde; *si* la pesanteur s'exerce en raison inverse du carré de la distance, à la distance de 60 rayons terrestres, l'attraction devra être 3600 fois moindre, et un corps qui serait à une semblable hauteur ne devrait *tomber* que de quinze pieds dans la première minute.

Le calcul des chiffres est exact sans doute, mais il y a une seule chose à laquelle Newton n'a pas pensé; c'est que la Lune ne tombe pas du tout. Au lieu de se demander pourquoi elle ne se précipite pas sur la terre, il aurait dû se demander quelle est la cause qui la retient.

Le *si* qui commence la phrase plus haut, est très-significatif.

Le *si* exprime toujours un doute ou une supposition. En effet le doute ici était permis, et si Newton eût été contraint de prouver autrement qu'avec quelques chiffres, il eût été bien à plaindre.

Mais si le résultat de ses chiffres combinés ensemble n'était qu'un hasard? oh! alors tout l'échafaudage s'écroulerait. Cependant certaines combinaisons de chiffres produisent souvent des résultats assez bizarres et singuliers.

Je me suis occupé longtemps et jusqu'à présent inutilement, de découvrir un principe plus court et plus commode que la méthode usitée, d'extraire la racine carrée par exemple; et voici entre cent autres quelques résultats assez curieux de cette recherche.

168921 = 411. Je dis : La racine carrée de 16 = 4. Je prends le premier chiffre suivant 8 en entier et j'ajoute autant d'unités qu'il y a de chiffres après 8, sans m'inquiéter de leur valeur, et je dis 8 et 111 chiffres après = 11.

168921 = 411	169744 = 412	170569 = 413
4.8,111 = 11	4.9,111 = 12	4.10,111 = 13
171396 = 414	172225 = 415	173056 = 416
4.11,111 = 14	4.12,111 = 15	4.13,111 = 16

Si j'avais établi un principe sur ces résultats, très-exacts quant aux chiffres, celui qui aurait eu à extraire la racine carrée d'un nombre dépassant d'une unité le dernier cité, aurait commis une erreur; car 173889 = 417
4.13,111 = 16
au lieu de 17.

Pour établir rationnellement un système, un principe ou une loi réellement physique, on doit opérer par la physique, et soumettre après le résultat obtenu aux chiffres s'il y a lieu ; mais établir la physique sur les chiffres, c'est brider le cheval par la queue.

D'après le système de l'attraction, tous les corps s'attirent *mutuellement* ou se rapprochent les uns des autres, en raison directe des masses et inverse du carré des distances. D'après cela les moindres masses obéissent aux masses plus considérables, et si cela est vrai, les masses les plus considérables ne peuvent pas obéir aux moindres, cela me paraît clair.

On dit d'une part « que la Lune est constamment entraînée par la terre, qui *l'amène* avec elle comme son « satellite. » C'est conséquent, la masse la plus considérable exerce son influence sur la moindre. Mais on intervertit les rôles, quand il est question des marées.

La masse, la densité et le poids de la terre étant 1, la masse de la Lune n'est que de 0,0146, sa densité de 0,7150 et son poids de 0,228, d'après les calculs des densités.

La masse de la Lune est donc bien moindre que celle de la terre, et malgré cela la terre devient dans le dernier phénomène la très-humble servante de la Lune, qui veut lui enlever ses eaux. L'intention serait très-pardonnable, parce qu'elle en manque totalement.

DENSITÉ DES CORPS CÉLESTES.

Pour parvenir à *calculer* la densité de tous les corps célestes, voici le moyen dont on s'est servi.

On a observé que le premier satellite de Jupiter est à peu près à la même distance de cette planète, que la terre l'est de la Lune. On a constaté ensuite que ce satellite tourne autour de Jupiter seize fois plus vite que la Lune autour de la terre, et toujours forcé d'être conséquent, on a dû admettre que Jupiter avec un volume 1400 à 1500 fois et une masse de 309 fois plus considérables que ceux de la terre, ne pesait cependant que 2 ½ fois de plus qu'elle, et on lui a donné la densité de la résine.

D'après ces calculs, on est forcé d'admettre que les montagnes de telle planète sont de granit ou de plomb, et que celles de telle autre sont de carton; que telle planète est pleine et d'une seule masse, tandis que telle autre est plus ou moins creuse; mais remarquons bien « on a aussi « remarqué et reconnu généralement qu'il existe une « telle ressemblance entre tous les corps célestes, qu'on « doit conclure *qu'ils sont à peu près de même nature, et « qu'ils doivent même avoir une origine commune.* »

Nous prouvons plus loin, physiquement et par chiffres, que ces densités sont tout aussi absurdes que le système de l'attraction tout entier.

Je lis dans un ouvrage d'éléments d'astronomie : « La « densité des planètes diminue à mesure qu'elles s'éloi- « gnent du Soleil, *contrairement aux lois de la physique.* »

Voilà déjà un démenti formel des densités; car si cette diminution existe contrairement aux lois de la physique, elle est absurde, et ne pouvant rien admettre d'absurde dans le système du monde, il faut chercher cette absurdité apparente dans d'autres causes. Or ces causes ne sont autres que l'absurdité du système qui les a fait admettre. Rien n'a lieu contrairement aux *vraies lois* de la physique.

SPHÈRES D'ATTRACTION OU D'ACTIVITÉ.

Le Soleil est le *centre général* d'attraction de notre système planétaire (incontesté).

Sa *sphère* d'attraction embrasse l'espace qu'occupent toutes les planètes et les comètes et au delà peut-être (incontesté).

Faut-il admettre par analogie des sphères d'attraction ou d'activité pour les autres corps célestes, si attraction il y a?

Quand on parle des aérolithes, on admet des sphères d'attraction distinctes pour la terre et pour la Lune.

Si ces sphères existent, elles doivent avoir une limite; car si elles se confondaient, elles n'existeraient plus.

Leur existence nous force donc à admettre que la Lune doit se trouver hors de la sphère d'attraction de la terre, et la terre hors de celle de la Lune. Ou si nous voulons que la Lune se trouve dans celle de la terre, alors cette dernière ne peut plus se trouver dans la première. La même chose doit alors être admise, par la même raison, pour les autres planètes et satellites en général. Mais alors l'attraction mutuelle serait anéantie.

En effet, à quoi servirait l'attraction, puisqu'on a été forcé d'imaginer une autre force *surnaturelle* de projection, neutralisant l'attraction. Cette force de projection, appelée improprement *centrifuge* et plus improprement encore *rectiligne* ou en *ligne droite*, prouve à l'évidence que Newton lui-même a dû sentir que son attraction n'avait aucune valeur, et il s'en suit que son système est faux, et absurde même, comme nous le prouverons plus tard.

Le Soleil tourne sur son axe en vingt-cinq jours et demi; en tournant il doit se déplacer. On lui a en effet reconnu un mouvement de translation dans l'espace, et il s'avance avec les siècles vers la constellation d'Hercule, *entraînant avec lui* tous les corps qu'il régit.

Ce Soleil se trouve au milieu de ses enfants, qu'il entraîne avec lui dans l'espace, mais en leur ordonnant de rester toujours à la distance respectueuse. Si ceux de ces enfants (avec leur désir provoqué par l'attraction, de rendre une visite à leur père), qui se trouvent accidentellement devant lui dans sa marche, voient arriver le père plus près d'eux, que feront-ils? Attendront-ils qu'il arrive, ou se mettront-ils en marche pour aller à sa rencontre?

Quant à ceux qui se trouvent derrière lui, ils pourraient au besoin courir un peu plus vite, pour tenir la distance ordonnée; mais les premiers seraient toujours en défaut, à moins que le père ne possède un moyen de les pousser au lieu de les attirer. En regardant la figure 1, il est facile de concevoir ces contradictions.

DE LA LUMIÈRE ET SA VITESSE.

On a reconnu que la lumière parcourt en une seconde, près de 80,000 lieues. Que celle du Soleil nous arrive en 8′ 13″, celle d'Uranus en 4 heures, celle des étoiles les moins éloignées pas en moins de trois ans, et celle des très-petites en mille ans seulement.

Voici la conséquence qu'on a tirée de cela :

Ainsi, une étoile qui disparaîtrait tout à coup à nos yeux, serait déjà éteinte dans le ciel depuis plus de trois ans, et si elle était très-petite, depuis plusieurs siècles. C'est bien merveilleux!

Mais, chose singulière, on a aussi découvert qu'il existait des étoiles *temporaires*, et les observations astronomiques faites depuis plusieurs siècles ont démontré que certaines étoiles ont *disparu* soit *subitement* soit après un laps de temps plus ou moins long. D'autres étoiles inconnues jusqu'au moment de leur apparition, se sont montrées aux astronomes étonnés.

Du temps d'Hipparque, 125 ans avant l'ère chrétienne, une étoile très-brillante *disparut tout à coup*, sans que l'on pût déterminer la cause d'un semblable phénomène.

Mais vous avez indiqué cette cause plus haut; c'est que cette étoile était déjà éteinte dans le ciel depuis plus de trois ans.

A l'époque de la naissance de Jésus-Christ, une nouvelle étoile parut dans le ciel.

Mais celle-ci y était déjà depuis plus de trois ans, d'après votre raisonnement.

En 389 une étoile inconnue fut aperçue dans la constellation de l'Aigle, et *disparut* après avoir brillé pendant TROIS SEMAINES d'un éclat très-vif.

Celle-ci avait donc grande hâte de s'en aller !

Mais de toutes les étoiles temporaires, la plus remarquable fut celle qui parut en novembre en 1572 dans la constellation de Cassiopée. Elle fut dès le commencement plus éclatante que Sirius, et *disparut* entièrement *seize mois* après.

Si je vous disais à présent que vous parlez d'étoiles qui n'existent plus, et que c'est par une illusion optique que vous croyez en apercevoir? Pour répondre victorieusement, vous devriez attendre trois, et mille ans ! Est-ce absurde ?

DE LA COULEUR BLEUE DU CIEL.

La physique nous apprend que l'air est l'atmosphère qui nous environne. Qu'elle enveloppe le globe entier, que sa forme est sphérique et que son épaisseur est de 15 à 16 lieues. Qu'il est *fluide, transparent, pondérable, subtile;* qu'il est susceptible de *condensation* et de *dilatation;* et on ajoute : mais il n'est pas *incolore,* comme l'ont avancé quelques auteurs. Je le prétends aussi.

Le même auteur auquel j'emprunte cette description dit : « Il se colore progressivement en bleu, à mesure « que ses couches deviennent plus épaisses. C'est ainsi « que la couche d'air, qui se trouve entre l'œil et un « lointain de montagnes, rend ces montagnes bleuâtres, « et que toute l'épaisseur de l'atmosphère, au-dessus de « notre tête, produit cette couleur azurée connue sous le « nom de bleu de ciel. »

Cette version est fausse, quant à la dernière conséquence qu'on en tire, et cela résulte même de l'exposé plus haut. Si l'auteur avait un peu réfléchi, il se serait aperçu que la véritable cause de cette couleur bleue provenait des mêmes accidents qu'il a justement fait valoir pour les montagnes dans un lointain. J'ajouterai que ces montagnes paraîtront d'autant plus bleues qu'elles seront plus noires ou plus noirâtres.

Un peu plus avant dans son ouvrage, il dit à propos de la lumière et de la chaleur solaires : « On pense donc, « que si l'on pouvait s'élever aux confins de la couche « atmosphérique qui entoure le Globe, on ne recevrait « plus à cette hauteur, ni lumière, ni chaleur, et qu'ainsi, « les espaces célestes seraient *noirs* et glacés. »

C'est *le noir pur* enfin des ténèbres, glacé du blanc *pur* de la lumière, qui produisent le bleu de ciel. En effet, nous obtenons en peinture une teinte assez bleuâtre, en glaçant le noir d'ivoire avec le blanc de neige ou de zinc dans une proportion convenable. Cette teinte paraît d'autant plus bleue, qu'elle se trouve en opposition avec le jaune, et elle est très-convenable pour peindre le ciel dans les effets du Soleil couchant. Si nous possédions en couleur, le noir et le blanc, absolus, nous obtiendrions de la manière indiquée le véritable bleu de ciel.

JUGEMENT SUR LA GRANDEUR APPARENTE DU SOLEIL, VU DES DIFFÉRENTES PLANÈTES, ET DE LA LUMIÈRE ET DE LA CHALEUR QU'ELLES EN REÇOIVENT.

On dit à propos de *Saturne* :

« Son énorme distance du Soleil (330,000,000 de lieues), « doit produire à la surface un froid très-intense, et un « jour *sombre* et *lugubre*. »

D'abord s'il en était réellement ainsi, nous ne le verrions pas, ou du moins pas aussi distinctement que nous le voyons. Nous voyons même ses satellites, infiniment plus petits que lui. Nous voyons distinctement son anneau et ses parties même ; nous voyons l'ombre portée de cet anneau sur la planète et mille autres choses encore. Serait-il possible de voir toutes ces choses, à la distance qui nous sépare de Saturne, s'il était vrai que la lumière y est cent fois moindre que la nôtre ?

Premièrement, il est démontré pour moi, comme nous le verrons après, que Saturne est entouré d'une atmosphère, qui a déjà été reconnue pour la plupart des planètes. Cette atmosphère doit être proportionnée au volume de la planète. On a reconnu aussi que la lumière solaire ne devient telle pour nous, qu'à partir du moment où elle touche et traverse notre atmosphère ; comme on convient aussi que la chaleur solaire provient de la lumière.

Donc s'il y a lumière il doit y avoir chaleur, et comme la lumière doit être plus grande qu'on ne le suppose parce que nous voyons trop de choses pour en admettre une cent fois plus faible que la nôtre, nous devons rabattre quelque chose de ce froid très-intense et de ce jour sombre et lugubre. Il n'est du reste pas probable que les habitants de Saturne aient été si maltraités par la nature comparativement à nous.

Secondement, la réfraction joue un grand rôle dans l'effet de la lumière. La déviation de ses rayons n'est autre chose qu'une courbe, concave vers la surface terrestre (1), comme l'enseigne la dioptrique. Cette courbe doit être produite à cause de l'air qui entoure le Globe, et dans ce cas elle doit être proportionnée à l'épaisseur de la couche d'air qui enveloppe la planète.

Toutes ces causes réunies pourraient bien amener un

(1) Nous trouverons plus tard que cette courbe est plutôt convexe du côté de la surface terrestre.

résultat tout autre, et au lieu de paraître cent fois plus petit aux habitants de Saturne, le Soleil pourrait bien leur paraître tout aussi grand qu'à nous, et la lumière et la chaleur qu'ils en reçoivent, être les mêmes que les nôtres.

Nous verrons dans le cours de cet ouvrage, sur quoi sont fondées les dernières suppositions.

On dit d'*Uranus* « que le Soleil y doit paraître comme « une étoile de première grandeur, et qu'une *obscurité* « éternelle, et un froid dont on ne peut se faire une idée, « doivent régner sur cette *triste* planète. »

Malgré cette obscurité éternelle, on le voit, et même ses satellites, qui sont encore bien plus petits que la planète, et cela à une distance du Soleil de 666,000,000 de lieues.

Si nous voulons agir sagement, nous devons nous abstenir, en attendant, de faire des suppositions tirées des faits qui se passent chez nous sous certaines conditions, sur d'autres faits analogues qui se passent si loin de nous, et que nous voyons dans ou à travers de milieux différents du nôtre. Ces faits se modifieront singulièrement, du moment où nous serons parvenus à connaître la véritable cause des mouvements, et celles de la plupart des effets physiques, attribués aujourd'hui à des causes basées sur de fausses suppositions.

LA RÉFRACTION.

Une des causes qui reculent pour nous les bornes de l'horizon c'est la réfraction, puisqu'elle nous fait voir des objets placés effectivement au delà de ce même horizon.

La réfraction est le détour que prennent les rayons de lumière qui viennent des astres jusqu'à nous. L'observateur, qui n'aperçoit les objets que dans la direction de la tangente à la courbe qu'ils décrivent, les voit plus élevés qu'ils ne le sont réellement, et les astres paraissent sur l'horizon alors même qu'ils sont abaissés au-dessous. En infléchissant les rayons du Soleil, l'atmosphère nous fait jouir de sa présence trois ou quatre minutes après qu'il est descendu sous l'horizon ou avant qu'il n'y soit arrivé.

La cause en est que les bornes réelles de l'horizon de la lumière, se trouvent à l'extrémité de l'atmosphère qui fait partie de la terre. La lumière ne devient telle que lorsqu'elle touche cette atmosphère, et c'est pour cela que l'horizon pour la lumière est reculé pour nous, et que nous voyons les astres qui la donnent, avant qu'ils ne soient parvenus au-dessus de l'horizon terrestre.

L'erreur sur la densité de la lumière à des distances différentes provient d'une comparaison qui ne peut tenir. On a observé que l'intensité de la lumière émise par un *point lumineux* est en raison inverse du carré de la distance de ce point au corps éclairé.

Ceci est vrai pour un point lumineux artificiel, comme on l'appelle, pour une lampe, etc.; mais pour la lumière du Soleil il n'en est plus ainsi, comme nous le verrons après; ce Soleil peut se moquer des distances.

Si je voulais continuer à relever en détail toutes les contradictions et toutes les obscurités qui existent aujourd'hui en fait de physique générale et du monde, je n'en finirais pas. Mais le but, en exposant celles que j'ai citées, étant de démontrer que notre système planétaire laisse encore beaucoup à désirer pour devenir clair et compréhensible pour chaque intelligence, il me semble avoir assez dit pour que chaque homme raisonnable et sans trop de préjugés, doive enfin sentir que le système de Newton, qui a donné lieu à tant d'erreurs, et qui a neutralisé les progrès de la science pendant deux siècles, a fait son temps, et que ce système comme celui de la physique générale doit être réformé et remplacé par un autre qui puisse expliquer physiquement tous les effets comme découlant forcément d'une seule et même cause.

C'est ce but que je me suis proposé d'atteindre, et que j'ai même la prétention d'avoir atteint. D'autres observations, et des preuves physiques et par chiffres, seront exposées et traitées à leur place dans les autres parties de cet ouvrage.

Dans le but de parvenir à nous comprendre par la suite, mettons-nous d'accord sur la valeur de certaines expressions.

On se sert indifféremment de *force d'attraction*, ou *force centripète*; *pesanteur* ou *gravitation* pour exprimer la même chose; de force *centrifuge*, ou de *projection* ou *rectiligne*, pour exprimer la chose opposée.

Voici comment j'entends toutes ces expressions et leur valeur physique (Figure 2).

Une pierre *a* lancée de la terre vers le centre du Soleil, suit une direction *centripète* relativement au Soleil et *centrifuge* relativement à la terre.

La force qui sollicite cette pierre de s'éloigner du centre de la terre, est une force de *répulsion*.

La pierre *b* lancée dans une direction opposée, fait un mouvement *centrifuge* relativement aux deux corps.

La pierre *c* qui se meut dans une courbe rentrante autour du Soleil, est animée d'un mouvement de *projection circulaire*.

Si la pierre *a* continuait sa course, jusqu'à ce qu'elle fût arrivée au delà de l'extrême limite de la sphère d'activité de la terre, elle devrait finir par tomber sur le Soleil, à moins d'en être empêchée par une cause opposée à sa pesanteur.

Si cette même pierre avait été lancée vers la Lune, et qu'elle eût atteint l'extrême limite de la sphère d'activité de la terre, elle ne pourrait aller tomber sur la Lune, que dans le cas où les deux sphères d'activité se toucheraient; car s'il y avait un espace entre ces sphères, elle serait entraînée par son centre de gravité naturel et général, et elle devrait dans ce cas changer de direction pour se diriger vers le Soleil, en la supposant libre.

N'oublions pas de faire ici une remarque très-essentielle : pour aller de la terre au Soleil, il faut *descendre*, comme la pierre séparée de la terre descend pour y retomber. Tous les corps pesants peuvent et doivent faire ce mouvement, aussi longtemps qu'ils sont libres. Pour s'éloigner du Soleil, il faut *monter* par la même raison, comme la pierre qui s'éloigne de la terre; or un corps pesant ne peut monter qu'à deux conditions : ou il doit avoir reçu une impulsion par une force, neutralisant la pesanteur, ou il doit être doué d'une force ascensionnelle. Cela admis, comment les planètes pourraient-elles s'affranchir de l'action solaire, pour s'échapper par la tangente ou en ligne droite?

Une pierre, lancée perpendiculairement de la terre, retombe à la même place d'où elle était partie.

Si on laisse tomber une pierre du haut d'un mât d'un vaisseau sous toutes voiles, elle tombe au pied du mât.

Un petit chariot qui, en roulant, lance verticalement une balle en l'air, la reçoit à quelque distance dans la même coquille d'où elle est partie. Pourquoi tout cela? Parce que le mouvement des corps, dont ils ont été lancés ou séparés, se communique aux pierres et à la balle.

Si le corps lançant les pierres et la balle avait un pouvoir répulsif après les avoir lancées à une certaine distance ou hauteur, ces pierres et la balle devraient toujours suivre le mouvement des corps lançants, tenus à distance par cette répulsion.

DEUXIÈME PARTIE.

Quelques mots d'introduction.

C'est à partir d'ici que les difficultés commencent. J'ai tâché jusqu'à présent de détruire ; mais il s'agit de commencer à reconstruire. Déjà le fait seul de la construction est bien plus difficile que celui de la destruction ; mais la reconstruction en question est encore entourée d'un nombre infini d'obstacles particuliers.

Si, par un pouvoir magnétique ou autre, j'avais la faculté de vous ôter pour quelques moments vos habitudes, vos petites préventions pour des autorités vraies ou fausses, pour les renommées des noms propres, alors nous nous entendrions facilement, et je pourrais vous exposer mon système du monde sur une seule page avec quelques figures explicatives. Mais l'habitude si longtemps contractée de prendre le mensonge pour vérité, doit vous porter, plus ou moins, à prendre la vérité pour mensonge.

La vérité est le mensonge du mensonge, comme l'homme raisonnable est le fou des fous.

Vous me permettrez de citer ici quelques phrases de notre peintre Wiertz sur les préventions, qui me paraissent très-justes :

« Un livre, dit-il dans son exposition de 1851, tout à « la fois curieux et utile, pourrait s'écrire sous ce titre : « *Comment les préjugés et les préventions établissent des* « *réputations, et faussent notre jugement sur toutes choses.*

« Par exemple, à propos d'art, il y aurait dans un pa-

« reil livre bien des grands hommes à rabaisser, bien des « chefs-d'œuvre à rabattre. Dans un pareil livre, il y « aurait bien des hommes obscurs à relever, bien des « œuvres à exhumer de la poussière.

« Un pareil livre serait le *jugement dernier*, où les pre- « miers seraient les derniers, les derniers les premiers. »

Aussi, si je pense à tous les obstacles que j'ai à vaincre, je désespère presque que mon nouveau système du monde, basé uniquement sur la physique, soit goûté, du moins pour le moment, des hommes du métier; mais écrivant pour tout le monde, et mon plus grand désir étant d'être compris par la majorité, je me consolerais si ce but pouvait être atteint, et je conserverais l'espoir que les récalcitrants, s'il y en a, finiront peut-être plus tard à se ranger à cette majorité.

Pour qu'une vérité soit vraie, elle doit être simple et compréhensible pour chaque intelligence.

La prétendue vérité qu'on nous a prêchée jusqu'à présent quant au système du monde, est tellement embrouillée et confuse, qu'*aucune* intelligence ne peut venir à bout de la comprendre.

« On suppose contre toute raison, dit Condillac, qu'il « y a des connaissances qui ne peuvent pas être à la « portée de tout esprit intelligent, et l'on rejette sur la « profondeur des matières, l'*obscurité* des écrits qu'on « n'entend pas. »

Les hommes de lettres sont quelquefois un peu commodes, ils aiment mieux croire des choses incompréhensibles, que de les étudier.

« C'est par l'obscurité de son langage, dit Lucrèce, « qu'Héraclite s'est attiré la vénération des hommes su- « perficiels; car la stupidité n'estime et n'admire que les « opinions cachées sous des termes mystérieux. »

MATÉRIAUX POUR SERVIR A LA RECONSTRUCTION.

Comme mon système est uniquement basé sur la physique, avant de l'entamer réellement, je dois citer les effets physiques obtenus par l'expérience, qui peuvent servir de matériaux à la reconstruction de l'édifice que j'ai entrepris de détruire; mais comme je suis à peu près dépourvu de bibliothèque, et mes occupations forcées ne me permettant pas de consulter la bibliothèque nationale faute de temps, je ne puis en citer qu'un petit nombre, la plupart encore de mémoire. Mais une fois sur la trace, d'autres pourront les compléter après moi. L'essentiel est d'ouvrir la route de la vérité et de préparer quelques matériaux, que d'autres pourront augmenter pour arriver au but.

EFFETS DU MOUVEMENT DE PROJECTION CIRCULAIRE ET DROIT.

Le mouvement de projection circulaire (*c* fig. 2) des planètes autour du Soleil étant le principal, citons les faits physiques observés sur la terre, qui ont ou qui peuvent avoir quelque rapport avec ce mouvement, et ses effets, et qui prouvent que les corps ayant ce mouvement dans une certaine proportion, ne perdent pas pour cela leur poids, mais qu'ils se soutiennent malgré eux avec ou sans attraction d'autres corps agissant sur eux, par une tout autre cause. Voyez fig. 3.

Le chariot avec son mannequin dans l'expérience du chemin de fer aérien, étant arrivé en *a*, ne tombe pas, malgré l'attraction de la terre, et malgré sa pesanteur. Ce n'est pas parce qu'il est devenu plus léger par la rapidité de sa course, mais parce qu'il ne trouve pas le temps de faire la descente.

Pour opérer tout mouvement ou déplacement, pour

toute pression, toute descente d'un corps sur ou vers un autre, comme pour les mouvements, etc., opposés, il faut du temps. Ce temps doit être en rapport ou proportionné au poids de ces corps et aux vitesses imprimées à leur mouvement, et non pas aux masses ou poids seuls des corps mouvants, avec les masses ou poids de ceux vers lesquels ils devraient se diriger selon l'attraction.

Le cavalier debout sur son cheval dans les cirques, prend de plus en plus une position angulaire avec le cheval, à mesure que ce cheval court plus vite. Cette position hors d'équilibre le ferait tomber infailliblement si le cheval ralentissait sa course, mais la vitesse de cette course étant une fois en rapport ou proportionnée à son poids, il peut se tenir dans cette position impossible autrement.

Comme nous en avons eu l'exemple dans ce pays, il y a quelques années, un convoi arrive à grande vitesse devant un pont ouvert. La locomotive franchit l'ouverture sans y tomber; pourquoi? Son poids n'avait pas diminué, mais la vitesse ne lui laissait pas le temps de cesser son mouvement et d'en prendre un autre.

La glace incapable de soutenir le poids du patineur pendant une demi-seconde, peut être franchie sans se briser et sans que le patineur s'enfonce, moyennant une vitesse en rapport ou proportionnée du mouvement au poids du patineur.

Une pierre un peu aplatie ou une ardoise, tombent de suite dans l'eau et vont au fond, si on leur laisse le temps de faire cette descente, et si on ne les contrarie pas par un mouvement opposé plus fort; car, si elles sont lancées horizontalement sur la surface de l'eau, elles courront sur l'eau aussi longtemps que la vitesse de leur mouvement horizontal est en rapport ou proportionné à leur poids, mais dès que cette proportionnalité cesse, elles deviennent libres et trouvent alors le temps de changer de direction.

La pierre lancée de la terre, y retombe quand elle trouve le temps de changer sa direction, non parce que la terre l'attire, mais elle doit y retomber parce qu'elle n'est pas animée d'un pouvoir ascentionnel, et ne pouvant se tenir en l'air à cause de son poids, alors du moment où la force de répulsion qui a provoqué son ascension n'est plus en rapport ou proportionnée à son poids, elle est bien forcée de revenir d'où elle était venue.

CHUTE DES CORPS.

La physique nous apprend que la chute des corps a lieu en vertu de la pesanteur. Deux balles de plomb de même pesanteur tomberont également vite ; mais si on laisse à l'une sa forme ordinaire et que l'on aplatisse l'autre comme une feuille de papier, les deux morceaux de plomb auront bien le même poids, et cependant celui qui a conservé sa forme ronde arrivera bien plus vite sur le sol que celui qui a été réduit en lame. Ceci s'explique naturellement par la présence de l'air qui, pour être traversé, exige une pression. Mais dans le vide tout change. L'espace vide ne présentant aucun obstacle et aucune pression à exercer, la balle de plomb et une feuille d'arbre y tombent en même temps. On a tiré de cela la conséquence que les corps ne pèsent plus dans le vide ; mais c'est inexact.

Ces corps conservent leur poids respectif, mais jouissant d'une liberté absolue et n'étant retenus par aucun travail de pression pour lequel il faut toujours un temps donné, l'un peut marcher aussi vite que l'autre. S'ils ne pesaient réellement plus, ils devraient rester où ils étaient avant de tomber, car une chose qui ne pèserait pas du tout, serait une chose anéantie, disparue, un rien enfin; mais aussi longtemps que les choses sont quelque chose, et qu'elles sont visibles, elles doivent aussi avoir un certain poids.

Donc, dans l'air ou dans le vide, les corps tombent parce qu'ils pèsent; et s'ils sont libres, et s'ils ne tombent pas, étant dans une position où ils doivent tomber à cause de leur poids, ils doivent être doués d'un pouvoir ascentionnel, ou être contraints par une force neutralisant leur poids.

De tout ce qui précède, il résulte : *que lorsque les différents mouvements dont il a été parlé plus haut, imprimés aux corps, soit par une force de répulsion, par la vitesse acquise ou autre, se trouvent en rapport ou proportionnés quant à la vitesse, avec les poids de ces corps mouvants, il leur est impossible de les changer pour trouver le temps et le moyen d'en prendre un autre, et de devenir centripète au lieu de centrifuge.*

Donc, si nous admettons même une attraction mutuelle de tous les corps célestes et sans égard à leurs sphères d'activité, ces corps ne peuvent ni se précipiter les uns sur les autres, ni faire mine de se rapprocher, malgré leurs masses, du moment et aussi longtemps que la vitesse de leur mouvement de projection circulaire est en rapport ou proportionné avec leur poids, car dans ce cas l'attraction est neutralisée.

Imaginons-nous les vitesses de projection circulaire des planètes, dont celle de Mercure est de 667 lieues par minute, et nous comprendrons facilement que de pareilles vitesses ne permettent point à ces corps de prendre une autre direction, ni d'exercer une attraction de fait les uns sur les autres.

Donc, cette projection circulaire est le fondement de tout le système, et sans connaître sa cause, rien ne peut s'expliquer physiquement. Newton lui-même l'a bien senti en attribuant cette cause à la volonté de Dieu, parce que son système d'attraction n'y pouvait suffire.

Mais nous apprendrons à connaître cette cause tout à l'heure, et alors nous comprendrons facilement tout le reste.

Encore, où iraient les planètes, si elles avaient envie de se débarrasser de la tutelle du Soleil, en s'échappant par la tangente pour arriver en ligne droite, où? Iraient-elles se créer un centre quelque part pour devenir indépendantes? Mais elles ne peuvent vivre sans le Soleil! et comme elles ne peuvent pas créer des soleils comme nous créons des rois, elles doivent bien se contenter de celui qui leur donne ce dont elles ont besoin.

Le Soleil a dû précéder les planètes. Le premier existe par lui-même, les secondes n'existent qu'à condition du premier.

RESSEMBLANCE QUE PRÉSENTENT L'ÉLECTRICITÉ, LE MAGNÉTISME, L'ÉLECTRO-MAGNÉTISME ET LA CHALEUR.

LOIS DE COULOMB.

« La loi des attractions et des répulsions électriques, « est la même que celle de la gravitation universelle. Les « attractions et répulsions des corps électrisés sont pro- « portionnelles à la quantité d'électricité renfermée dans « chacun des deux corps, et en raison inverse du carré « de la distance des deux corps. »

Si les substances qui par le frottement s'électrisent sont frottées dans l'obscurité, elles paraissent lumineuses (en frottant on chauffe).

Les émanations du fluide électrique forment une atmosphère *rayonnante* très-sensible dans les ténèbres, et produisent une *impression* sur le visage ou la main ainsi qu'une toile d'araignée qu'on rencontrerait flottante dans l'air.

On attribue à la matière qui a reçu le nom *de fluide magnétique,* les mêmes propriétés que celles observées dans la matière électrique.

On suppose que chaque aimant naturel ou artificiel se trouve entouré d'une substance *impondérable,* qui circule d'un pôle à l'autre, et forme autour de lui une espèce d'atmosphère qui manifeste sa présence à peu près comme les substances émanées des corps électrisés.

La substance *impondérable* qui entoure l'aimant, comme on le suppose, est digne de quelques remarques. Je crois cette supposition vraie ; car autrement on ne peut pas bien se faire une idée juste de l'effet produit par l'aimant sur la limaille de fer : car quoique nous ayons pris l'habitude d'appeler cet effet attractif, je ne puis me faire une idée d'un corps inerte qui ait pour ainsi dire un organe aspiratoire pour attirer à lui d'autres corps, comme nous l'avons pour aspirer l'air. Mais la chose devient de suite claire et compréhensible, lorsque nous admettons une substance *impondérable* entourant l'aimant. Il est nécessaire de s'entendre d'abord sur l'expression d'*impondérable.*

Impondérable est hors d'équilibre ; c'est donc l'air qui entoure l'aimant qui est devenu hors d'équilibre, en d'autres termes, cet air a changé de nature, il est devenu ou plus léger, ou il s'est formé un certain vide autour de l'aimant ; de cette manière, et la théorie de l'affinité aidant, la limaille se précipiterait sur l'aimant par la pression de l'air qui se trouve autour de la sphère impondérable. Ce ne serait plus alors une attraction de l'aimant, mais une pression de l'air qui produirait le phénomène.

L'électro-magnétisme peut communiquer la propriété magnétique à des substances qui ne la possèdent pas naturellement.

Lorsque la pile de volta est en activité, et que la communication entre les deux pôles est établie par un fil métallique, ce fil acquiert les propriétés d'un aimant ; il attire la limaille de fer et exerce sur une aiguille aimantée une action très-prononcée.

Les mêmes effets exigent les mêmes causes. Donc les observations précédentes sur l'aimant devraient être appliquées aussi à l'effet produit par l'électro-magnétisme, concernant l'aimantation.

La chaleur, comme le fluide électrique, comme le fluide magnétique, est rayonnante, mais elle produit un effet répulsif, comme doivent le faire toutes les substances rayonnantes, sans exception aucune. Elle fait mouvoir sur un poêle un petit moulin à vent ou un soi-disant serpent, que les enfants s'amusent à découper d'une carte, et soutenu par un fil de fer ou autres soutiens.

Pour qu'il y ait électricité, il faut que deux corps de *nature différente* se touchent ou soient frottés.

Si l'on approche deux corps, l'un chaud, l'autre froid, le plus chaud se refroidira, et le plus froid s'échauffera, jusqu'à ce qu'ils aient tous deux le même degré de température. Au commencement de cette opération, les deux corps étaient de nature différente, ils agissaient l'un sur l'autre, mais étant devenus deux corps de même nature quant à la chaleur, leur action cesse.

Appelons un moment la chaleur positive et le froid négatif, et nous aurons une grande ressemblance avec l'électricité.

Si nous connaissions le feu pur, d'où dérivent la lumière et la chaleur, nous serions probablement forcés d'admettre, que dans la nature il n'y a que deux agents actifs essentiels et principaux, à savoir la chaleur et le froid.

Mais ce feu pur, dont la lumière et la chaleur ne sont que les effets, n'est évidemment autre chose que le feu électrique. Nous verrons par la suite qu'il en est ainsi, et qu'il est impossible d'admettre qu'il en soit autrement.

LUMIÈRE ÉLECTRIQUE.

Dans l'air ou dans le gaz, la pression empêche l'électricité de se précipiter sur les corps extérieurs, à moins que la *tension électrique ne soit considérable*. Cette condition est remplie vers les pointes ou les arêtes saillantes des corps électrisés; ainsi dans l'obscurité voit-on des aigrettes lumineuses se former en ces points des corps électrisés. Dans les corps à formes arrondies, il faut de très-fortes charges pour que l'étincelle parte d'elle-même. La présence d'un corps conducteur, communiquant au sol, force l'électricité de *s'accumuler* dans les parties voisines de ce corps; alors la tension est assez forte pour vaincre la resistance de l'air, et l'étincelle jaillit.

On peut, en plaçant des petits corps conducteurs à une très-petite distance les uns des autres, de manière à former un dessin quelconque, rendre ce dessin lumineux pendant tout le temps que tourne la machine avec laquelle on le fait communiquer. La lumière se communique si promptement d'un corps à l'autre, qu'elle paraît aussi rapidement entre l'avant-dernier et le dernier qu'entre le premier et le second.

Dans le vide, l'électricité n'étant pas maintenue à la surface, se répand dans tout l'espace sous l'apparence d'une lumière diffuse. Si *à l'intérieur on place un corps conducteur, l'électricité se porte vers lui, et la lumière prend plus d'éclat.*

L'électricité résineuse ne donne jamais des aigrettes aussi allongées et aussi divergentes que celles qui proviennent de l'électricité vitrée.

ÉLECTRICITÉ ATMOSPHÉRIQUE.

L'air est habituellement électrisé : chaque couche l'est d'autant plus qu'elle se trouve plus *élevée*. Le fluide de l'atmosphère est toujours *vitré* par un temps calme et serein ; il devient souvent *résineux* dans le cas contraire.

ATTRACTION ET RÉPULSION.

Tant que l'atmosphère et la surface terrestre sont dans le même état électrique, il y a répulsion entre leurs fluides. Mais si, par des causes quelconques, l'état électrique de la surface terrestre ou de l'atmosphère vient à changer, *cette répulsion se change en attraction.*

ÉLECTRICITÉ DÉVELOPPÉE PAR INFLUENCE.

L'expérience a prouvé que si l'on présente à un corps électrisé un corps conducteur isolé, on remarque des signes certains d'électricité dans ce dernier corps.

On peut conclure de cette expérience que les corps possèdent en eux-mêmes les principes des deux électricités; que le frottement ne sert qu'à dégager les deux principes l'un de l'autre, et c'est pour cela que le corps frottant et le corps frotté acquièrent toujours des électricités contraires. Enfin cette expérience confirme que les électricités de noms différents s'attirent, et que celles de même nom se repoussent.

Tout ce que nous avons dit relativement à l'électricité nous porte à penser que chacun des deux principes électriques est un fluide, dont les particules parfaitement mobiles se repoussent mutuellement, et attirent celles de l'autre principe avec des énergies réciproques au carré de la distance. De plus, à distance égale, le pouvoir attractif est égal au pouvoir répulsif, puisque dans un corps à l'état naturel, les deux électricités combinées n'exercent aucune action à distance.

C'est de cette influence des particules électriques les unes sur les autres que dépend la distribution de l'électricité sur la surface, soit d'un seul corps, soit de plusieurs corps électrisés, soit enfin de corps mis en présence les uns des autres et dont les uns ont été électrisés et les autres ont été laissés dans leur état naturel.

Nous voyons maintenant pourquoi, en présentant un corps électrisé à des corps légers, ils sont attirés; c'est que leurs deux fluides sont séparés par l'influence du corps électrisé; l'électricité de même nature que celle du corps est repoussée dans le sol, celle qui est de nature contraire est attirée. *Lorsque les corps légers ont touché le corps électrisé, il arrive que la partie d'électricité qu'ils prennent au corps suffit non-seulement pour neutraliser le fluide contraire dont ils sont recouverts, mais qu'ils reçoivent encore un excès de fluide de la même nature que celui du corps; alors ils sont repoussés par le corps, et en essayant de le rapprocher, on les voit fuir son contact, si toutefois ils sont isolés.*

SOURCE DE L'ÉLECTRICITÉ.

On ne connaît pas les causes de l'électricité; l'expérience apprend seulement dans quelles circonstances elle est produite.

En frottant deux surfaces l'une contre l'autre, elles s'électrisent toujours; l'une prend l'électricité résineuse, l'autre l'électricité vitrée; et la nature du fluide pris par une surface dépend, non-seulement de la nature de cette surface, mais encore de la nature de celle contre laquelle on la frotte. Il y a plus, le mode de frottement, et le sens dans lequel il a lieu, influent aussi sur la nature du fluide développé.

L'électricité peut encore être développée par la *pression,* par la *chaleur* et par le *contact* et les *affinités moléculaires.*

En chauffant certains cristaux, ils acquièrent l'état électrique; celui de tous qui présente ce phénomène de la manière la plus sensible, est la tourmaline. Si l'on chauffe une tourmaline régulièrement, c'est-à-dire de manière qu'elle éprouve à peu près les mêmes accroissements de chaleur sur tous les points de sa surface, les deux extrémités s'électrisent, l'une vitreusement, l'autre résineusement. Si on la refroidit régulièrement, elle s'électrise en sens contraire, les deux fluides échangent leurs positions.

Les vapeurs produites par l'eau qui accompagne les plantes ou d'autres substances, sont dans un état d'électricité vitrée ou résineuse, qu'elles répandent dans toute la masse atmosphérique.

UNE EXPÉRIENCE ÉLECTRIQUE.

J'ai possédé dans ma jeunesse, il y a 45 ans, un petit cabinet de physique amusante. J'ai fait alors beaucoup d'expériences électriques, et je m'en rappelle entre autres une, dont j'étais loin alors d'apprécier la valeur. Je ne pourrais plus décrire en détail ses préparations, mais je me rappelle très-bien l'effet produit et le nom de l'auteur, qui est Raekstrow. Son expérience était appelée : le *Système planétaire électrique.*

Voici à peu près la disposition de l'appareil, fig. 4 :

Un plateau métallique au-dessus duquel se trouvent des cercles métalliques isolés à une très-petite distance du plateau. Les cercles sont en communication avec le conducteur de la machine électrique. Des boules de verre soufflées de 10 lignes, je pense, sont alors posées sur le plateau près des cercles, et aussi longtemps que la machine électrique fonctionne, les boules se meuvent autour des cercles, et si on fait l'expérience dans l'obscurité, les boules deviennent lumineuses. On pose une autre boule dorée au milieu pour représenter le Soleil.

Si à présent la boule dorée qui se trouve au milieu avait la propriété d'électriser les cercles, au lieu de la machine, et si elle pouvait envoyer le fluide soit à ces cercles ou aux boules, l'effet devrait être le même.

LES RAYONS SOLAIRES.

Képler a cru que les rayons solaires avaient une force d'impulsion, et les physiciens ajoutent « qui aurait pu « sembler d'autant plus probable que, par une singula-« rité assez remarquable, la queue des comètes n'est « jamais dirigée vers le soleil. »

On a reconnu d'un autre côté la matérialité de la lumière et son mouvement. Or, une matière en mouvement doit forcément produire un effet quelconque, là où elle trouve une résistance.

Au lever du Soleil on sent un vent léger qui vient de la direction de cet astre.

Dufuy a fait des expériences pour découvrir cette force d'impulsion à laquelle a cru Képler. A cette fin il s'est servi d'un fil d'araignée qu'il avait tendu légèrement, et il a constaté que le mouvement du fil n'avait lieu que lorsqu'il était dans l'atmosphère ; mais si on plaçait le fil dans le vide, rien de semblable n'avait lieu, et le fil demeurait parfaitement tranquille.

Cependant Képler sentait bien, mais il s'est trompé comme Dufuy lui-même, en prenant la lumière pour une cause, tandis qu'elle n'est qu'un effet. La lumière a bien passé à travers la cloche de verre transparente, mais la cause de la lumière qui seule peut produire l'impulsion, a dû s'arrêter à la cloche, parce qu'elle ne pouvait pas la pénétrer.

Si la lumière ne devient telle que du moment où elle touche et traverse l'atmosphère (s'il y avait un doute à cet égard nous pourrions le prouver à l'évidence), alors l'air est l'aliment vital et indispensable à cette lumière du moins, qui produit ou peut produire une impulsion, et si cette lumière est produite par une cause impulsive, soit électrique ou autre, l'effet impulsif doit s'arrêter là, où il y a un obstacle, un corps opaque ou isolant.

La lumière solaire est un effet, et celle de la lune est, ou l'effet de l'effet de la première, ou elle dérive de la même cause, mais sous d'autres conditions, ou elle est modifiée par un accident.

Les découvertes électro-magnétiques ont fait apercevoir les rapports les plus intimes entre la *cause* des phénomènes électriques et celle d'où dérive la production de la lumière. On admet donc ici que la lumière n'est pas une cause.

On a admis la matérialité de la lumière. Ce serait très-juste, si l'on admet la lumière comme cause ; car une chose immatérielle en physique, serait le rien. Mais ce qui est réellement matériel dans la lumière, c'est sa cause et non son effet.

Avant d'entamer la question de fond, je dois observer que je me propose seulement de poser et de développer des principes, et non d'en pousser les conséquences jusqu'à la dernière analyse des faits et des chiffres.

Il est humainement impossible qu'un seul individu soit doué de toutes les qualités scientifiques pour pouvoir traiter chaque partie de la science en spécialité, et à plus forte raison quand il est dépourvu de renseignements comme d'instruments indispensables pour opérer.

Mais si les hommes spéciaux, chacun dans sa sphère d'activité, veulent bien de bonne foi examiner d'abord attentivement, et s'il est possible, sans prévention, les principes posés, et au besoin expérimenter sur leurs bases, j'ai la conviction que l'espèce de prédiction de Condillac citée dans la préface, s'accomplira à la fin, et que nous arriverons à un système aussi parfait qu'il peut l'être pour notre petite raison.

TROISIÈME PARTIE.

Le système planétaire réduit à sa plus simple expression.

Pour construire il faut d'abord un emplacement. Commençons donc par nous entendre sur ce que nous appelons vulgairement l'espace; voyons ce qu'il peut être et de quelle nature il est.

Les géomètres Huygens, Leibnitz, Newton, Bernoulli et d'autres admettent le vide. Francœur, dans son Uranographie, se décide pour le *vide absolu*. Sans citer plus loin, je suis de l'avis de Francœur ; mais voyons comment nous devons nous rendre compte de l'espace et du vide.

L'espace, c'est le vide, le rien, le noir pur, les ténèbres complètes.

Si toutes les choses visibles et saisissables disparaissaient, qu'il n'y eût plus ni mondes ni soleils, ni êtres vivants ou morts, si enfin tout était anéanti, que resterait-il ?

Le *vide, le noir pur, les ténèbres, le rien.*

Le mot vulgaire d'espace, n'est pour nous qu'une comparaison comme l'est la grandeur. Sans comparaison il n'y a plus ni grandeur ni espace pour nos sens. Nous ne pouvons pas nous faire une idée d'un espace infini, pas plus que nous ne pouvons concevoir une grandeur infinie aussi longtemps qu'il peut y avoir comparaison. Il n'y a pas non plus des distances dans l'espace infini comme il n'y a pas des grandeurs dans une grandeur infinie, et nos millions de lieues qui nous effrayent, sont nuls dans un espace infini.

Si tout étant anéanti physiquement, nous pouvions encore conserver une idée morale, que verrions-nous, que trouverions-nous? *Le rien* ou *le vide* qui est la même chose.

Ce *rien,* je le conçois aisément comme infini, mais aussi longtemps que quelque chose existe, l'idée de l'infini devient impossible à concevoir.

L'air diminue de densité à mesure qu'on s'élève. En diminuant de densité il devient plus rare, et au delà de cet air, il doit y avoir vide. L'approche du vide explique le froid, car le vide absolu doit produire aussi le froid absolu.

La lumière solaire ne peut éclairer un espace vide, et c'est pour cela qu'elle n'est pas répandue généralement dans l'espace, comme on l'a déjà cru. On peut s'en convaincre pendant une éclipse totale de soleil; l'obscurité règne alors non-seulement sur la terre, mais les étoiles paraissent dans le ciel. Si la lumière était lancée comme telle du soleil, et l'espace contenant n'importe quel éther ou substance si subtile qu'elle fût, on pourrait bien voir le Soleil noir pendant l'éclipse, mais à l'entour il resterait clair tout aussi bien que si une chandelle allumée, dont la flamme est cachée pour celui qui se trouve devant elle, répand cependant sa lumière dans la chambre. Dans le cas aussi où il y aurait une substance quelconque dans l'espace, nous n'aurions jamais une nuit obscure.

Donc : le vide étant pour moi démontré, aucun obstacle n'existe dans l'espace, pour gêner les mouvements des planètes, etc.

Pour construire régulièrement dans cet espace, posons le fondement. Ce fondement est sans contestation le *Soleil,* le maître suprême, le directeur général de tous ces petits êtres, comparés à lui, qu'il dirige à sa volonté.

Le grand architecte, qui a construit tout ce qui existe, qui doit être doué d'une intelligence sans bornes, et avoir à sa disposition tous les moyens par sa seule volonté, n'a certainement pas cherché des détours ou des complications inutiles; il a employé les moyens les plus simples et les plus efficaces pour atteindre promptement son but.

Mais tâchons d'abord de rendre au Soleil, qui nous donne la vie et tout ce dont nous avons besoin, toutes les qualités qu'il possède, et dont nous en avons méconnu jusqu'ici la plus essentielle.

« Avant que les sciences physiques aient su distinguer, « dit-on, dans les livres, la lumière, le calorique, l'élec- « tricité, tous ces principes sous la dénomination com- « mune de *feu* furent considérés par les anciens sages « comme la *source première* de la vie et du *mouvement de* « *l'univers*. »

Ces sages étaient plus sages que nous ne le sommes aujourd'hui. Nous avons donné différents noms à différents effets, qui, malgré ces noms, ne sont pas moins les conséquences forcées d'une cause ou d'un principe unique; car tous ces beaux noms signifient des choses, qui sont l'œuvre du Soleil.

« L'homme de la nature, est-il dit, y crut découvrir son « origine. »

L'homme de la nature avait encore raison.

« Tels furent les mages, les Sabéens et les Nabathéens « de l'Orient ou de la Chaldée; tels se montrèrent les an- « ciens Parsis ignicoles (Voyez Hyde, *de veteri religione* « *persanum*).

« Les mages représentèrent sous la forme d'obélisques « et de pyramides l'image de la flamme qui remonte vers « les cieux comme à son origine.

« Les sauvages Natchez eux-mêmes, se disaient des- « cendus avec leurs caciques du Soleil. »

Leibnitz veut que notre terre et les planètes soient des soleils éteints, encroûtés de cendres. Buffon suppose ces planètes formées des matières vitrifiées par la chaleur et d'être le produit des éclaboussures du Soleil, etc. Sans nous arrêter à toutes ces suppositions, nous dirons que :

Personne ne contestera que le Soleil est un corps de nature tout à fait différente de notre terre et des autres corps infiniment petits, qui forment notre système planétaire. Qu'il n'est pas un corps en combustion qui envoie de la chaleur toute faite, ou un calorique comme nos feux, car ses rayons deviennent plus froids à mesure que l'on s'approche du foyer. L'action de sa lumière sur l'hydrochlorate d'argent la distingue de la lumière de la Lune et de celle de nos bougies ; sa lumière produit de la chaleur, et celle de la Lune n'en donne aucune ; et, puisque sa chaleur est reconnue ne pas être un calorique, que nous reste-t-il pour l'expliquer? *L'électricité*, source et cause de la lumière, de la chaleur, de la vie et de toutes choses.

Allons même plus loin, et demandons-nous s'il existe un autre feu que le feu électrique dans la nature?

Ne confondons pas les causes avec les effets. Nos feux appelés artificiels ne sont que des effets ; la source de tout feu est l'électricité. Comment le feu s'obtient-il? En frottant l'un sur l'autre deux morceaux de bois. Tous les corps comme la terre et tout ce qui y appartient portent en eux l'une ou l'autre des deux électricités, et elles se dégagent en les frottant l'un contre l'autre. Le briquet ne donne l'étincelle qu'au moyen d'un frottement violent, et les allumettes chimiques ne s'allument qu'en les frottant. Donc, sans électricité il n'y aurait pas de feu du tout. L'électricité est la cause du feu et la chaleur n'en est que l'effet.

Les mouvements de la terre, par exemple, qui s'opèrent avec une exactitude mathématique malgré les vents, les orages, les tremblements de terre et mille autres accidents ou phénomènes, continuent toujours avec la même exactitude. Pouvons-nous imaginer un autre moteur que l'électricité pour opérer ces merveilles? N'avons-nous pas un exemple frappant dans nos télégraphes électriques, qui, à n'importe quelle distance, fonctionnent avec une exactitude admirable?

Muni de la qualité électrique, le Soleil peut opérer sur les corps en tous sens, les attirer ou les repousser selon que les circonstances s'y prêtent.

Quant à la force électrique nécessaire pour opérer dans ce sens les mouvements, elle peut facilement se concevoir, si l'on compare la petitesse des corps qu'il dirige, à son volume énorme, et dans le vide qui n'oppose aucune résistance aux mouvements. Sa masse est encore sept cents fois plus grande que celles de toutes les planètes réunies.

S'il était possible de faire une planche assez grande pour donner le dessin proportionné des grandeurs et des distances de tout le système planétaire, on sentirait déjà à la vue seule d'une telle carte, qu'il n'y aurait rien d'étonnant à l'égard de la force électrique que le Soleil peut exercer sur les autres corps. Mais à défaut de cette carte, citons une comparaison dont Hershel a eu l'idée, pour établir la proportionnalité de ces corps.

Représentant le *Soleil* par une grosse bombe de deux pieds de diamètre, *Mercure* serait comme un grain de moutarde; un petit pois serait *Vénus*, un pois un peu plus gros représenterait la *Terre* et un grain de chênevis la *Lune*. Une forte tête d'épingle serait *Mars*, une orange ordinaire représenterait *Jupiter*, une petite orange *Saturne* et une très-grosse cerise, *Uranus*.

Nos expériences futiles en fait d'électricité, sans parler des grands phénomènes électriques de la nature, nous apprennent déjà la puissance électrique pour produire toutes espèces d'effets et de mouvements.

Considérons que le magnétisme a une grande ressemblance avec l'électricité, et qu'il existe des aimants naturels qui, quoique sous un volume de quelques centimètres cubes, ont le pouvoir de soulever jusqu'à 50 et même 100 kilogrammes de fer. Enfin, je pourrais citer mille autres cas, connus de tout le monde, qui viendraient à l'appui de ces forces électriques et magnétiques.

D'après tout ce qui précède, il me semble qu'il faudrait être frappé de cécité complète, pour ne pas comprendre, *que le seul moteur de tous les mouvements planétaires doit être le Soleil, et que les moyens employés sont l'électricité.*

Je suis si intimement convaincu de cette vérité, que j'ose défier ici éternellement tous les hommes de la terre, de trouver une *cause* plus simple, plus compréhensible et plus rationnelle, pour expliquer les mouvements dont nous nous occupons.

Mais ne vous arrêtez pas ici. Allez jusqu'au bout, examinez les autres preuves à l'appui de l'opinion émise, et voyez comment et par quels moyens la nature opère, pour produire tous les effets par une seule et même cause ; et si vous voulez sincèrement vous servir de votre raison, que Dieu vous a donnée pour comprendre toutes les choses compréhensibles pour elle, vous *devez avouer,* quand même vous n'en eussiez pas envie, qu'il n'y a rien d'extraordinaire ni rien de choquant dans l'admission de la force électrique du Soleil, pour jouer avec des misères que nous appelons planètes, qui nous paraissent énormément grandes comparées à nous, mais qui deviennent de véritables 0, comparées au Soleil.

La figure 5 donne une faible représentation graphique de ce système.

Je dois citer ici quelques idées de Bailly, au fond très-justes, et qui prouvent qu'il avait bien senti l'effet dont je me suis proposé de trouver et de déterminer la cause. Peut-être, sans l'absurde système de l'attraction, qui s'est infiltré partout, Bailly aurait-il pu tomber sur l'idée de l'électricité, car la comparaison qu'il établit à la fin de son exposé y approche de très-près. La critique, que je suis forcé d'employer pour éclaircir la question, ne s'adresse nullement à Bailly, que je reconnais volontiers pour un homme très-savant; mais ici, la vérité avant tout, et je dois employer tous les moyens pour y parvenir.

« Les planètes et les satellites sont mus dans leurs « orbites elliptiques autour d'un corps central, par deux « forces, dont l'une est toujours dirigée à ce point et tend « à les y porter, l'autre toujours uniforme et tendant « constamment à les en écarter.

Disons d'abord que la première de ces forces n'est autre chose que la loi de la pesanteur ou de gravitation, et que l'autre, qui n'est pas du tout uniforme, rien autre chose que la répulsion électrique. Cette force se modifie selon les distances et selon le plus ou moins de volumes ou de surfaces électriques que le fluide solaire répand ou rencontre sur les corps. Là où il y a attraction, il doit y avoir répulsion. Toute chose dans la nature a son opposé : l'opposé de l'attraction est la répulsion; l'opposé de la pesanteur est la légèreté; l'opposé de la gazéité ou de la liquidité est la solidité, etc., etc.

Tous les phénomènes électriques sont produits par le fluide électrique du Soleil. Il y a attraction ou répulsion, selon que deux corps se trouvent dans un état électrique semblable ou opposé (1).

La terre, recevant le fluide électrique du Soleil, s'échauffe, et d'autant plus que ce fluide est direct; mais à mesure qu'une face est chauffée, une autre,

(1) Je ne puis pas assez recommander de se rappeler ce qui a été dit dans la seconde partie sur l'électricité.

refroidie pendant la nuit, se présente, de manière à ce qu'il y ait toujours attraction et répulsion. En d'autres termes, la terre décharge pendant la nuit l'électricité vitrée, par exemple, pour se présenter de nouveau pendant le jour devant le Soleil comme corps de nature différente, ou électrisé résineusement.

« Mais dans la circulation de ces corps. il est un phé-
« nomène qu'on a peine d'abord à concevoir, et un mé-
« canisme que nous devons expliquer. Le Soleil n'est
« point au centre de ces orbites, il est, par conséquent,
« plus près d'une extrémité que de l'autre ; si le corps
« qu'il attire est placé dans la partie la plus éloignée, on
« conçoit que la pesanteur peut prévaloir sur la force
« uniforme qui la combat, qu'elle peut continuer de pré-
« valoir pendant une demi-révolution ; et le résultat de
« cette suite d'avantages est que le corps attiré s'est ap-
« proché considérablement.

Le rapprochement n'est pas si considérable, c'est $\frac{1}{30}$ à peu près pour l'orbite terrestre, de sorte qu'on peut considérer l'ellipse comme sensiblement cercle. Quant au foyer, il est toujours physiquement parlant, au centre. Le plus ou moins d'excentricité de ces ellipses ne dépend que des figures des planètes, qui cause aussi l'inclinaison de leurs axes ; du déplacement du Soleil et de l'inclinaison de son propre axe. Ces causes rendent nécessairement le cercle parfait impossible.

« Mais lorsqu'il est arrivé à ce terme, et dans la partie
« de son orbite la plus voisine du Soleil, le corps va
« s'éloigner pendant une demi-révolution, de la même
« quantité dont il s'était approché ; et il finit par se re-
« trouver à cette distance, la plus grande de toutes celles
« qui lui soient permises, et où nous avons supposé que sa
« révolution avait commencé. Comment cette force cen-

« trale, qui a prévalu pendant un temps sur la force uni-
« forme, cesse-t-elle de prévaloir au point de perdre suc-
« cessivement tous les avantages qu'elle avait acquis?
« La force qui lui est opposée est uniforme, et cette uni-
« formité exclut en elle toute idée de changement et
« d'augmentation.

La force n'est pas uniforme, elle augmente ou diminue selon la distance, et cela fait que le véritable équilibre ne peut jamais se déranger. Cette augmentation ou diminution n'a pas lieu précisément en raison inverse du carré de la distance, mais toujours est-il que la distance les modifie, comme nous le verrons par la suite.

« L'explication de ce phénomène singulier est dans la
« force centrifuge.

La force centrifuge n'existe pas pour des corps solides et inertes, elle est même absurde. Ces corps voulant se servir d'une force centrifuge relativement au Soleil, devraient monter; et par quel pouvoir? Et où iraient-ils?

« Huygens avait préparé des faits et des réponses à
« Newton; mais pour éclaircir entièrement le *mystère*, il
« faut, comme Newton, avoir été plus loin que Huygens,
« et avoir connu, dans sa profondeur, la nature des
« forces centrifuges.

Singulière aberration! Newton a connu *dans sa profondeur* la nature des forces qui n'existent pas!

« Huygens n'a considéré cette force que dans le
« cercle; Newton la retrouva dans les mouvements cur-
« vilignes : tous ces mouvements tiennent toujours
« quelque chose des mouvements circulaires : ils ont
« entre eux des ressemblances, parce que la nature est
« nuancée.

Les ressemblances sont réellement très-fortes, mais ce n'est pas parce que la nature est nuancée;

c'est parce que les mouvements tels qu'ils s'opèrent, ne peuvent pas faire autrement.

« Un corps est mû en ligne droite par une force « constante; il est sans cesse retiré de cette ligne droite « par la force centrale; les deux forces se combinent, « il en résulte une orbite en courbe fermée; voilà les « faits.

De beaux faits! basés sur un mouvement en ligne droite qui n'existe pas, et qui ne *peut* exister, parce qu'il est absurde.

« Si cette courbe fermée est un cercle, les principes « de Huygens nous ont appris qu'il en naît une force « centrifuge, précisément égale à la force centrale : l'une « balance l'autre, et le corps tourne incessamment, sans « jamais s'approcher ni s'éloigner du centre.

Tout ce verbiage prouve que toutes ces forces ne sont rien autre chose que la pesanteur et la répulsion électrique.

« Mais lorsque la courbe fermée est une ellipse, lorsque « le centre d'attraction est dans le foyer de cette ellipse, « le corps a-t-il une force centrifuge, et quelle est sa « mesure? C'est ce que Newton a vu de plus que Huygens. « Quoique la route soit elliptique, dès que la courbe est « fermée, le corps accomplit une véritable giration au- « tour du foyer; les routes sont différentes, mais le ré- « sultat de la totalité des effets est le même dans l'ellipse « que dans le cercle; à la fin de la révolution, le corps a « fait un tour entier. Éclaircissons cette considération « par un exemple :

Elle a grandement besoin d'être éclaircie! Mais disons d'abord que la giration autour du foyer provient d'une tout autre cause, comme nous le verrons plus tard.

« Supposons qu'une planète soit attachée à une longue « verge, fixée au centre du Soleil, et mobile autour de

« lui; supposons que cette verge fasse une révolution « entière, en conservant la même dimension et le même « mouvement, il en naît une force centrifuge, qui sera « d'autant plus petite que la verge sera plus longue; « voilà pour le mouvement circulaire.

Il n'est pas vrai qu'il naît du mouvement circulaire de la verge une force centrifuge pour le corps qui y est attaché; il en naît une force de projection circulaire, car la distance du corps au centre reste toujours la même. La force centrifuge qu'il y aurait ici, serait celle qui a attaché le corps à la verge, en l'éloignant du centre : ensuite, ce corps attaché ne peut pas faire autrement qu'il ne fait, parce qu'il n'est point libre.

« Mais on peut imaginer que la longueur de la verge « varie, et qu'elle diminue dans une demi-révolution « pour augmenter dans l'autre : qu'arrivera-t-il alors? « Le mouvement, en tant que giration, n'est point changé, « les effets doivent rester les mêmes; il doit toujours y « avoir force centrifuge; seulement comme la longueur « de la verge est variable, la planète, à chaque pas, « commencera un nouveau cercle d'un rayon, ou plus « petit ou plus grand; la force centrifuge augmentera ou « diminuera en conséquence, dans tout le cours de la « révolution, elle sera variable aussi bien que la pesan- « teur. La planète part de sa plus grande distance avec « la plus petite force centrifuge; la pesanteur plus « grande a l'avantage, mais cet avantage diminue à me- « sure qu'elle rapproche la planète; car la force centri- « fuge croît d'une part en conséquence d'un plus petit « rayon, et de l'autre parce que la planète rapprochée se « meut avec plus de vitesse; la force centrifuge augmente « par ces deux raisons, elle l'emporte à son tour sur la « pesanteur, et elle garde cet avantage pendant l'autre « demi-révolution, jusqu'à ce que la planète ait pris le

« premier ascendant avec lequel elle a commencé la ré-« volution. »

Il n'est pas nécessaire pour nous d'*imaginer* que la verge varie, c'est réellement ainsi. Cette verge est le fluide électrique du Soleil, elle varie selon les circonstances déjà souvent répétées. L'ellipse, peu sensible du reste, résulte peut-être un peu du déplacement du Soleil, mais principalement de l'oscillation de l'axe astronomique des planètes et du Soleil même, et qui ne correspond pas avec l'axe physique; ensuite, les planètes présentent, à cause de leurs rotations pendant la révolution, toujours d'autres faces plus ou moins électrisées d'une manière ou de l'autre, au Soleil, comme le Soleil en présente par sa propre rotation aux planètes.

ROTATION DES PLANÈTES SUR LEURS AXES.

D'où provient la rotation des planètes? Je dis des planètes, parce que l'observation a prouvé qu'elles possèdent toutes cette propriété, sauf Uranus et Neptune pour lesquels elle n'a pu être observée encore, mais on la présume très-fortement. Moi je l'affirme positivement, car sans cela ils ne seraient pas planètes; mais comme le premier a des satellites qui tournent autour de lui, il doit forcément tourner sur l'axe aussi. Nous verrons plus loin la preuve incontestable par chiffres, qu'il en est ainsi. Quant à Neptune, on n'a pas encore observé, à ce que je sache, des satellites, mais je puis affirmer tout aussi positivement qu'il doit en avoir de très-gros.

La rotation continuelle et en des temps peu différents au fond, qu'il faut distinguer de la rotation de la Lune et des autres satellites, qui ne font qu'un seul tour sur l'axe pendant une révolution autour de leurs planètes, provient de ce que les planètes sont entourées d'une atmosphère; je prétends encore que cette atmosphère étant la *conditio sine qua non* de leur rotation, toutes les planètes sans exception doivent en posséder une.

Mais d'où provient l'atmosphère, celle de la terre, par exemple? Sans m'appuyer sur Hutton, Playfair et autres, il est généralement reconnu qu'il doit exister un feu central, ou une grande chaleur à l'intérieur du globe. C'est ce feu ou cette chaleur qui produisent l'atmosphère, que j'appellerai tout court, la transpiration de la terre.

L'air est composé de particules gazeuses qui possèdent un pouvoir ascentionnel et qui seules font un mouvement centrifuge relativement au corps dont elles émanent.

Cet air, ou l'atmosphère qui entoure le globe, est rayonnante. Tous les corps ou fluides rayonnants comme le feu, l'électricité, le magnétisme, etc., possèdent une force d'impulsion, que j'appellerai de bas en haut. Nous l'avons précédemment démontré pour le feu et l'électricité, et la substance impondérable qui entoure l'aimant, le démontre pour ce dernier; il serait, du reste, impossible d'en douter!

L'air étant libre, devrait suivre la même loi; mais quoiqu'il paraisse la suivre pour les ballons, les gaz et les corps plus légers que lui, il fait l'opposé sur le baromètre, sur les eaux de la mer et sur mille autres choses, sur lesquelles il exerce une pression de haut en bas. Il y a plus, il exerce cette pression dans tous les sens. De lui seul, il ne peut pas posséder toutes ces forces contraires.

Par le rayonnement il devient plus léger à mesure qu'il s'élève davantage; en d'autres termes, sa pression de bas en haut diminue en s'élevant. C'est juste, le rayonnement l'exige. Mais comment a-t-on pu expliquer la pression de haut en bas, par la considération que les couches supérieures pèsent sur les couches inférieures? Supposant l'air libre, ce serait absurde, car les couches supérieures, infiniment plus légères, pesant sur les inférieures, seraient le triomphe du plus faible sur le plus fort; ce serait à dire que les rayons caloriques les plus éloignés produisent la chaleur à l'entour du foyer.

Mais cette pression de haut en bas provient uniquement de la force répulsive du fluide électrique du Soleil. Elle cause par là la rotation; et les sinuosités de la figure de la terre sont la cause de l'inclinaison de son axe.

La rotation sera aussi d'autant plus rapide, que l'air qui entoure les planètes sera plus considérable; et l'inclinaison d'autant plus forte, que la figure de la planète sera plus accidentée.

Il en résulte que l'air entourant les planètes doit être proportionné à leur diamètre, et, ce qui le prouve, c'est que Jupiter, Saturne et Uranus tournent en 9 à 10 heures, tandis que la terre ne tourne qu'en 24 heures. Nous verrons plus tard que ces trois dernières et plus grosses planètes, font leur révolution à peu près par le seul effet de leurs rotations, tandis que la terre ne fait qu'un soixante-cinquième de la sienne par sa rotation.

De cette répulsion proviennent encore les vents alizés. La chaleur est évidemment produite par le contact de l'électricité, soit de l'oxygène atmosphérique, soit de celui de l'eau ou ses particules qui s'y trouvent et qui sont elles-mêmes de l'oxyde d'hydrogène; cela cause aussi la diminution des eaux de la terre, qui ne peut s'expliquer autrement.

Un autre phénomène doit encore résulter de l'électricité du Soleil agissant sur la terre. L'électricité croît en raison de la quantité d'électricité renfermée dans chacun des deux corps. L'air ne peut pas toujours se trouver uniforme, parce que le plus ou moins de chaleur intérieure de la terre, et d'autres accidents, doivent contribuer à le rendre soit plus vaporeux ou plus dense, etc.; ensuite les énormes taches du Soleil prouvent que cet astre ne présente pas non plus toujours la même dose d'électricité du côté de la terre, parce que l'on ne peut pas admettre que les surfaces dans lesquelles on observe ces taches, soient de même nature que les autres, et je suis convaincu que la différence de température à des élévations semblables du Soleil, doit être produite par les mêmes causes.

Comme nous sommes encore au chapitre de rotation, citons un soupçon de Képler : il soupçonna que le mouvement rotatif du Soleil était nécessaire pour expliquer le mouvement des planètes en longitude. Lorsqu'il reconnut que les planètes que Galilée croyait avoir découvertes n'étaient que des satellites de Jupiter, il vit encore là une confirmation de sa théorie, en concluant que cette planète devait tourner sur son axe pour faire mouvoir ces satellites.

Ajoutons à cela que Képler avait très-bien soupçonné, car de la rotation du Soleil d'Orient en Occident naît le mouvement général de rotation des planètes d'Occident en Orient, et même le mouvement de projection circulaire des premières quatre planètes, qui sont pour ainsi dire portées sur ses rayons du fluide électrique, et entraînées par sa rotation. C'est cette ressemblance que j'ai signalée à propos des verges de Bailly.

Quant à l'influence de la rotation des planètes sur les satellites, elle sera prouvée par des chiffres incontestables.

Mais d'autres phénomènes encore résultent de cette impulsion précitée. L'air exerce une pression dans tous les sens, et il tend toujours à se mettre en équilibre, dès qu'il est rompu par une cause ou une autre.

Imaginons-nous que la moitié de la surface de la terre est constamment exposée à l'impulsion solaire, mais que par l'effet de sa rotation qui s'en suit, elle fait 375 lieues par heure, en avançant en même temps sa révolution, et nous sentirons facilement que cette impulsion, plus forte sans doute au centre ou à l'équateur, doit se communiquer à toute la couche d'air qui enveloppe le Globe, et se faire sentir dans tous les sens, en diminuant toujours vers les pôles, où elle doit être à peu près nulle.

Ce qui vient d'être dit du mouvement de l'air peut nous conduire à un autre phénomène, qui n'a pas encore, à ce que je sache, reçu de solution.

LE MAGNÉTISME TERRESTRE ET L'AIGUILLE AIMANTÉE.

Quelle est la cause déterminante de la direction et de la déclinaison de l'aiguille aimantée ?

Citons d'abord ici brièvement les expériences faites par M. Ampère . . . . « L'expérience est venue démontrer « qu'une hélice pouvant tourner librement autour de son « centre, prend, en vertu de l'action de la terre, la direc- « tion de l'aiguille aimantée ; enfin deux hélices exercent « l'une sur l'autre l'action réciproque de deux aiguilles « aimantées : chacune d'elles a deux pôles : les pôles « chargés d'électricité de même nature différente s'atti- « rent. Tous ces résultats ont conduit à penser *que le ma- « gnétisme était produit par l'électricité tournant en hélice « dans les substances qu'on appelle magnétiques.* Ainsi les « deux branches de la physique, l'électricité et le ma- « gnétisme, qui paraissaient autrefois bien distinctes, « paraissent ne devoir former qu'un seul corps de doc- « trine. En approfondissant la science, elle se ramène à « un petit nombre de principes. »

Le phénomène de l'air, pressé par l'impulsion solaire à l'équateur, et tournant toujours à l'entour de la terre, de l'équateur aux pôles, ne présente-t-il pas une grande analogie avec les expériences précitées ?

Mais la direction de l'aiguille aimantée ne correspond pas avec nos pôles terrestres ; pourquoi ?

Je dois ici faire une distinction nouvelle en disant que la terre a, en réalité, deux axes et quatre pôles. Je désignerai les premiers sous le nom de l'axe et pôles astronomiques, et les autres sous celui de l'axe et pôles physiques. Voici comment et pourquoi.

L'axe d'une boule, tournant librement, et avançant en ligne droite, doit faire un angle droit avec le plan.

Si elle est forcée de tourner sur l'axe en avançant dans une courbe, son axe doit être et rester parallèle aux rayons de la courbe.

Si elle est sollicitée d'abord à se mouvoir dans une courbe, et qu'en même temps elle est forcée de faire ce mouvement malgré que son axe est incliné sur le plan, elle peut bien suivre encore la courbe, mais seulement au moyen d'une extrême contrainte. Mais l'inclinaison de son axe étant alors contraire à son mouvement naturel et physique, elle tentera constamment de redresser l'axe, pour le faire correspondre aux rayons de la courbe.

Cet axe physique est donc réellement l'axe vrai de la boule qui tourne, et le mouvement de l'air, supposé plus haut, doit se diriger vers les pôles physiques, et non vers les pôles astronomiques. Il en résulte donc aussi une différence proportionnée à l'inclinaison de l'axe astronomique.

Ces tentatives de l'axe physique ne produisent-elles pas les différences qu'on a toujours remarquées de l'inclinaison de l'axe astronomique, et n'en résulte-t-il pas également les oscillations de l'axe de la terre, sur lui-même ?

L'axe astronomique est incliné de 23° ½ sur l'écliptique. La déclinaison de l'aiguille aimantée est de 22° 34′ (Au moins en 1814. Je ne sais pas à vrai dire où elle en est aujourd'hui, mais n'importe).

On a constaté des variations de l'inclinaison de l'axe

de la terre sur l'écliptique, et on a constaté des variations de la déclinaison de l'aiguille aimantée.

Je m'abstiens de répéter ici toutes les observations faites depuis tant d'années ; je tiens seulement à éveiller l'attention des hommes compétents sur les faits généraux qui résultent du système que je prêche.

Mais à l'appui de ces faits viennent encore d'autres, que je ne dois pas oublier de mentionner.

On dit : « Le froid le plus rigoureux règne dans des « pays dont la latitude est à peu près celle de la France : « Telle est la terre de feu, qui, glacée à l'extrémité de « l'Amérique méridionale, est couverte de neiges éter- « nelles. On ajoute : Qu'il ne règne pas une température « égale sous la même latitude, et que l'équateur n'in- « dique pas précisément la plus grande chaleur, non plus « que les pôles n'indiquent le plus grand froid. »

« La ligne de la plus grande chaleur remonte vers le « nord dans l'intérieur de l'Afrique, et cette déviation « se propage à travers l'Europe, aux autres lignes qu'on « a nommées *isothermes*. Il en résulte qu'il fait plus « chaud, à latitude égale, en Afrique et en Europe, qu'en « Asie et en Amérique. D'un autre côté les points où le « froid est le plus intense, ne coïncident pas avec les « pôles. Pour le Nord on a reconnu deux points qu'on a « appelés *pôles du froid*. Ils sont situés à environ 15° du « pôle de la terre, l'un au Nord de la Sibérie, l'autre au « Nord de l'Amérique, vers le détroit de Lancastre. »

DES MARÉES.

Les marées présentent trois principaux phénomènes. Le premier revient deux fois le jour, le second deux fois le mois, le troisième deux fois l'année.

Tous les jours, quelque temps après le passage de la Lune au méridien, on voit les eaux de la mer se soulever pendant six heures et envahir les rivages jusqu'à une hauteur plus ou moins considérable; la mer devient ensuite stationnaire; on dit alors qu'elle est *pleine, haute;* bientôt elle redescend pendant six heures pour remonter de nouveau lorsque la Lune passe à la partie inférieure du méridien; en sorte que la haute mer et la basse mer, le *flot* et le *jusant*, s'observent deux fois le jour, et retardent de 48 minutes, plus ou moins, comme le passage de la Lune au méridien.

Le second phénomène consiste en ce que les marées augmentent sensiblement au temps des nouvelles et pleines Lunes, et l'augmentation est surtout très-sensible quand la Lune est au périgée.

Enfin le troisième phénomène des marées est l'augmentation qui arrive vers les deux équinoxes, en sorte que le cas où les marées sont les plus fortes de toutes est celui d'une syzygie périgée, c'est-à-dire où le Soleil, la terre et la Lune sont sur une même ligne et le plus près possible.

Cette dernière observation prouve que l'action de la Lune n'est pas *unique* sur les marées et que la cause en réside aussi dans le *Soleil*. Cet astre, par son *attraction sur la mer, l'élève et l'abaisse* (il y a donc aussi répulsion) dans un jour, en sorte que le flux et le reflux solaire se renouvellent à chaque intervalle d'un demi-jour solaire. Pareillement le flux et le reflux produits par l'attraction de la Lune se renouvellent à chaque intervalle d'un demi-jour lunaire. Ces deux marées partielles se combinent sans se nuire, comme on voit sur la surface d'un bassin légèrement agité les ondes se disposer les unes au-dessus des autres sans altérer mutuellement leurs mouvements et leurs figures. Lorsque les deux marées coïncident, la marée composée est à son *maximum;* elle est alors la somme des deux marées partielles, et c'est ce qui a lieu vers les pleines et les nouvelles Lunes ou vers les syzygies.

Lorsque la plus grande hauteur de la marée lunaire coïncide avec le plus grand abaissement de la marée solaire, la marée composée est à son *minimum;* elle est alors la différence des deux marées partielles; et c'est ce qui a lieu vers les quadratures, c'est-à-dire quand le Soleil et la Lune sont éloignés de 90°. Dans les *syzygies* l'attraction de la Lune et celle du Soleil se combinent et *s'additionnent;* dans les *quadratures* elles se *combattent* et se *soustraient.*

On voit ainsi que la marée totale varie avec les phases de la Lune; mais ce n'est point aux instants mêmes de la nouvelle ou de la pleine Lune, et de la quadrature, que répondent les plus grandes et les plus petites marées; l'observation a fait connaître que les plus grandes et les plus petites marées, dans nos ports, suivent d'un jour et demi les instants de ces phases.

Cette dernière observation prouve à toute évidence que la Lune est faussement accusée de vouloir enlever les eaux de la terre.

Les plus grandes marées vers les nouvelles ou les pleines Lunes ne sont pas égales; il existe entre elles des différences qui dépendent des distances du Soleil et de la Lune à la terre, et de leurs déclinaisons. Le principe de la pesanteur universelle, comparé aux observations, nous montre : 1° Que chaque marée partielle augmente comme le cube du diamètre apparent ou de la parallaxe de l'astre qui la cause; 2° qu'elle diminue comme le carré du cozinus de la déclinaison de cet astre; 3° que dans les moyennes distances du Soleil et de la Lune à la terre la marée lunaire est trois fois plus grande que la marée solaire.

Ce qui semble d'abord difficile à comprendre, quand on réfléchit au mouvement des marées, c'est ce double flux et reflux qui s'opère en 24 heures. Si l'on conçoit que la Lune en franchissant notre méridien puisse élever les eaux (il faudrait une conception très-robuste pour le concevoir), comment arrivera-t-il que 12 heures après, lorsqu'elle passe au même méridien, mais de l'autre côté du Globe, elle puisse produire du côté où elle n'est plus un résultat semblable ?

(C'est le comble de l'absurde.)

Essayons, en suivant la théorie de Newton, de répondre à cette objection.

Essayer, oui, mais y répondre rationnellement, je vous en défie.

Nous savons (d'après Newton bien entendu) que les lois de la pesanteur sont universelles.

Qu'est-ce que la loi de la pesanteur qui fait *tomber* les graves, a de commun avec la soi-disant attraction ? Quant aux lois de la pesanteur, la loi universelle de cette pesanteur réside dans le Soleil ; ensuite chaque planète a sa loi de la pesanteur pour tous les corps qui lui appartiennent et qui se trouvent dans sa sphère d'activité, ni plus ni moins.

Si la Lune obéit (*sic*) sans cesse à l'attraction de la terre qui la retient dans son orbite, elle exerce aussi sur la terre une action, moins considérable à la vérité, mais qui suffit pour élever la masse des eaux tournées vers ce satellite :

Comment est-il possible de déraisonner ainsi ?

Il est reconnu généralement, même en admettant les attractions, que celle de la terre sur la Lune est beaucoup plus forte que celle de la Lune sur la terre. Les densités admises l'exigent du reste forcément. On convient, plus haut, que l'attraction de la terre retient la Lune dans son orbite, mais pour sortir d'embarras, la Lune exerce aussi une action, moins considérable sur la terre pour élever la masse des eaux.

Ce raisonnement est certainement absurde ; mais

admettons-le pour un moment. Si la terre exerce en général une action plus forte sur la Lune, comment la Lune peut-elle exercer dans un autre moment donné, une action sur la terre? Cela viendrait à dire que dans un moment le plus fort l'emporte sur le plus faible, et que dans un autre le plus faible l'emporte sur le plus fort. Mais encore, si la Lune qui est constamment entraînée et retenue dans son orbite par la terre (nous en apprendrons plus tard la cause réelle), trouvait le temps de faire une diversion sur les eaux de la mer, elle profiterait plutôt de ce moment pour se précipiter sur la terre au moyen de sa pesanteur, et à plus forte raison, qu'elle doit furieusement souffrir du froid absolu dans le vide, sans manteau pour se couvrir. Si la terre pouvait cesser de tourner sur l'axe pendant quelques secondes seulement, oh! alors nous aurions certainement la visite de cette chère Lune, qui nous est fort agréable aussi longtemps qu'elle reste à une distance respectueuse.

Dans cette situation elles sont plus près de la Lune et plus attirées par elle que le centre de la terre, et le *peu d'adhérence* de leurs molécules leur permet de céder *quelque peu* à son attraction; réciproquement les eaux du côté opposé, étant moins attirées que le centre du globe, doivent rester en arrière et *paraissent* s'élever, tandis que dans les lieux qui voient la Lune à l'horizon, ou à la distance de 90° du méridien, les eaux sont basses puisque celles qui s'élèvent simultanément au zénith et au nadir ne peuvent le faire qu'aux dépens des eaux qui occupent les lieux intermédiaires. On peut donc considérer les marées comme deux montagnes liquides s'élevant aux deux points opposés de la terre, qui suivent la Lune dans sa course (pendant que, plus haut, c'est la terre qui retient la Lune dans son orbite) et parcourent la surface de l'Océan pendant le temps (plus 48 minutes) de la rotation de la terre sur son axe.

On a observé que le soulèvement des eaux retarde de plusieurs heures sur le passage de la Lune au méridien, et qu'elles mettent plus de temps à descendre qu'à monter. Des considérations générales peuvent expliquer ces irrégularités. (Que n'a-t-on pas déjà expliqué?) En effet, les deux montagnes de liquides que soulève la Lune n'ont pas pour axe le rayon vecteur mené de cet astre à la terre, ainsi, le passage de la Lune au méridien ne peut être le moment précis où le phénomène a lieu ; de plus, le frottement des eaux sur le fond de la mer et sur les côtes, l'*adhérence* (plus haut c'était le peu d'adhérence) de leurs molécules et la rotation de la terre sont des causes qui empêchent leur écoulement d'être instantané.

Voilà où nous en sommes pour expliquer les marées !

D'abord l'attraction de la Lune, s'il y en avait, serait totalement neutralisée par le mouvement rapide de la Lune dans sa révolution, et par celui de la rotation de la terre, qui présente à la Lune toujours d'autres rayons, et qui ne laisseraient pas le temps pour opérer le moindre dérangement sur les eaux de la mer.

Remarquons encore que les corps froids sont en général plus légers que les corps chauds, la glace est plus légère que l'eau ; que la Lune, se trouvant dans le vide, qui est le froid absolu, doit, sans atmosphère qui est le seul aliment de la chaleur, être d'un froid désespérant, et par conséquent d'une légèreté proportionnée ; sa masse ou son poids doivent aussi s'en ressentir, et son influence, comme corps attirant, sur la terre, devenir totalement nulle, même en admettant l'attraction.

Mais la sphère d'activité de la terre, qui peut s'étendre jusqu'à la Lune, empêche que celle de la Lune puisse s'étendre jusqu'à la terre. Les satellites des autres planètes, qui se trouvent à des distances si différentes de leur corps central, distances qui varient de 40,000 à 783,000 pour Saturne, le prouvent à l'évidence, et dans ce cas il ne peut exister aucune attraction des satellites sur leurs planètes.

Si cette attraction existait en raison des masses, comme l'a établi Newton, elle serait encore absurde, parce que les masses moindres ne peuvent pas attirer alors les plus considérables.

Les retards, quant aux hautes marées (de 2 à 3 jours et pour les autres plus ou moins longs) prouvent encore évidemment que la Lune en personne est innocente dans la production des phénomènes des marées.

Ensuite, prenant la chose de n'importe quelle manière, les attractions des satellites sur les planètes, comme celles des planètes sur le Soleil, seraient également absurdes, parce qu'elles n'ont aucun but.

Le Soleil est le centre général de gravitation. La pesanteur seule fait déjà l'office de l'attraction. Les planètes sont les centres particuliers de gravitation de leurs satellites, et la pesanteur des satellites fait l'office de l'attraction des planètes.

D'après cela il n'y a qu'une force d'impulsion ou de répulsion qui est nécessaire, mais aussi indispensable, pour empêcher le désordre, et l'on se tortuerera jusqu'à l'éternité, que l'on sera toujours forcé d'admettre cette impulsion ou répulsion.

On trouvera encore de précieux renseignements dans les chiffres suivants et dans le supplément.

Mais les mêmes coïncidences des différentes positions de la Lune et du Soleil relativement à la terre, produisent toujours des faits analogues sur les marées; elles sont les plus fortes à l'époque des syzygies, c'est-à-dire aux nouvelles et pleines Lunes, lorsque la terre, le Soleil et la Lune se trouvent à peu près sur une même ligne;

elles sont les plus faibles dans les quadratures, etc. Il s'en suit donc que, si la Lune ne se trouve pas impliquée directement dans la production du phénomène, elle doit toujours y exercer une influence indirecte. Ce sont ces coïncidences aussi qui, ayant l'apparence pour elles, ont fait admettre l'attraction de la Lune et du Soleil sur les eaux de la mer, et qui causent aujourd'hui les difficultés à nier ces attractions.

Cependant les attractions sans but étant absurdes, il faut bien trouver autre chose pour les remplacer, sans nuire aux effets constatés et constants, et comme il est impossible, raisonnablement parlant, d'admettre plus d'*une* cause générale pour produire tous les effets d'après mes principes posés, je dois forcément trouver l'explication du phénomène des marées dans la seule cause proclamée.

Entamons donc hardiment la question, si épineuse qu'elle soit, et tâchons d'abord de détruire le fond des chiffres qui ont servi à calculer les densités des corps, par d'autres chiffres plus rationnels; et une fois ce résultat obtenu, il me semble qu'il ne doit plus être question de densités, et ces dernières anéanties, le système attractif doit forcément s'écrouler.

CALCULS DES DENSITÉS.

Ces densités, comme nous l'avons déjà vu au commencement de cet ouvrage, ont été calculées sur l'observation que l'on a faite, que le premier satellite de Jupiter est à peu près à la même distance de cette planète, que la Lune l'est de la terre. On a constaté ensuite que ce satellite tourne autour de Jupiter 16 fois plus vite que la Lune autour de la Terre, et on a dû admettre, d'après l'absurde système de l'attraction, que Jupiter avec un volume 1400 à 1500 fois plus considérable que celui de la terre, ne pesait cependant que 2 ½ fois de plus qu'elle.

Voici des chiffres qui ne sont pas basés sur des suppositions :

Le diamètre de Jupiter = 33,121. Son 1er satellite est à la distance de 96000, et ce satellite tourne en 1 jour 18 heures.

Le diamètre de Saturne = 27,529. Son 4me satellite est à la distance de 84000, et il tourne en 2 jours 17 heures.

Le diamètre de la terre = 2865. La Lune est à la distance de 86000, et elle tourne en 27 jours.

Le 1er satellite de Jupiter tourne 16 fois plus vite que la L.
Le 4me » de Saturne » 10 fois » »
Le diamètre de Jupiter = 11 ½ fois celui de la terre.
» de Saturne = 9 ½ fois » »

La Lune emploie 27 jours pour faire une révolution ; pendant ce temps le 1er satellite de Jupiter fait la valeur de 432 jours.

Chaque point de l'équateur de Jupiter tourne 28 fois plus vite que chaque point de l'équateur de la terre.

$\frac{432}{28}$ = 15 à 16, et il y a 10,000 de distance en plus.

Pendant les 27 jours de la Lune, le 4me satellite de Saturne fait la valeur de 270 jours ; et chaque point de l'équateur de Saturne tourne 22 fois plus vite que chaque point de l'équateur de la terre.

$\frac{270}{22}$ = 12, et il y a 2000 de distance en moins.

La Lune emploie 27 jours. Le mouvement de rotation de la terre ayant été pris pour 1. $\frac{27}{1}$ = 27. = 1.

La différence légère qui résulte de ces chiffres pour Saturne, s'explique de la manière suivante, et en dehors de l'avantage des 2000 de distance.

L'anneau de Saturne qui tourne autour du même axe que la planète et dans le même temps, fait, dans le cas plus haut, partie de la planète; et alors au lieu de tourner 22 fois plus vite, elle tourne bien 27 fois plus vite, et *alors* :

$$\frac{270}{27} = 10.$$

AUTRES COMBINAISONS.

Terre diam. 1. Tourne en 24 h. 27 fois pour 27 j. de la Lune.
Jupiter » 11. » 10 h. $4\frac{1}{5}$ fois » 42 h. du 1er satell.
$11 \times 4\frac{1}{5}$ fois $= 46\frac{1}{5}$ pour 42 heures.
Saturne » $9\frac{1}{2}$. Tourne en 10 h. $6\frac{1}{2}$ fois pour 65 h. du 4e satell.
$9\frac{1}{2} \times 6\frac{1}{2}$ fois $= 61\frac{3}{4}$ pour 65 heures.

Voici des chiffres plus exacts.

Le 1er satellite de Jupiter est à 96000, et il tourne en 42 heures. L'orbite $= \frac{602752}{42} = 14351$. La Lune est à 86000, elle tourne en 27 jours $=$ 648 heures, son orbite $= \frac{540252}{648} = 833$. Si elle était à la même distance du 1er satellite, elle aurait besoin de 930 heures. Or $\frac{14351}{930} = 15\frac{405}{930}$ fois que tourne ce satellite plus vite que la Lune au lieu de 16 fois, et $\frac{435}{28} = 15\frac{12}{28}$.

Le 4e satellite de Saturne est à 84000, il tourne en 65 h. L'orbite $= \frac{527688}{65} = 8118$. La Lune à la même distance ferait $814\frac{1}{5}$. Or $\frac{8118}{814} = 10$ fois.

Le diamètre de Jupiter $=$ 11,56 et celui de Saturne $=$ 9,6 fois celui de la terre.

Le 2e satellite de Jupiter est à la distance de 153000. Il tourne en $3\frac{1}{2}$ jours. La Lune en $\frac{27}{3\ 1/2} = 8$. Chaque point de Jupiter tourne 28 fois plus vite $= \frac{28}{8}\ 3\frac{1}{2}$.

Le 3e est à 244000, il tourne en 7 jours $\frac{27}{7} = 4$. $\frac{28}{4} = 7$.

Est-il ici question de densités? Et sans densités où en sommes-nous avec les attractions?

De tous ces chiffres il résulte que les mouvements des

satellites dépendent du mouvement de rotation des planètes, comme Képler l'avait déjà supposé, et que ces mouvements sont proportionnés aux diamètres et à la vitesse de rotation des planètes, et nullement aux densités.

Ajoutons encore finalement, et pour en finir avec ces absurdes densités et attractions, que la Lune, quand même elle se trouverait dans la sphère d'activité de la terre, ce que nous pouvons admettre, la terre ne pourrait alors se trouver dans celle de la Lune, parce que ces sphères dans ce cas n'existeraient plus du tout.

La terre se trouve comme toutes les planètes dans la sphère d'activité du Soleil; mais dire que le Soleil se trouve dans toutes les sphères d'activité des planètes, serait le comble de l'absurde.

Nous trouverons après les preuves les plus manifestes, que la rotation du Soleil cause le mouvement des planètes, comme la rotation des planètes cause celui des satellites.

Conclusions.

Le fluide impulsif du Soleil, quand la terre et la Lune sont à peu près sur la même ligne, rencontre au lieu d'un deux corps à la fois, qui font partie l'un de l'autre comme les satellites en général font partie de leurs planètes, et il trouve alors un double aliment vers lequel il dirige ce fluide; et comme son action doit croître à mesure qu'il est plus alimenté, avec une force presque infinie pour agir sur des corps relativement si petits, sa pression, impulsion ou répulsion doivent augmenter dans cette position, tandis que dans les quadratures, ce fluide étant séparé, ne peut exercer qu'une influence partielle sur chacun des corps, en raison de leurs surfaces isolées.

L'opposé doit avoir lieu si accidentellement un autre corps isolé et plus éloigné, se trouve plus ou moins en conjonction avec la terre et le Soleil, parce que dans ce cas il aura deux corps différents et distants l'un de l'autre à diriger en même temps.

Les effets seront aussi plus sensibles, lorsque les deux astres seront le plus rapprochés de celui qui agit sur eux, et par conséquent moins sensibles dans le cas contraire.

La pression des eaux d'un côté produit le même effet que le soulèvement en sens opposé. L'effet des marées étant toujours en retard avec la cause, la pression présente le même phénomène. Comme nous l'avons déjà vu plus d'une fois, chaque mouvement exige un temps donné. J'ai la certitude aussi que les changements de temps et de température qui coïncident souvent avec la nouvelle ou pleine Lune, doivent être attribués à la même cause, ainsi que les positions respectives des planètes peuvent et doivent avoir une influence quelconque sur les phénomènes météorologiques.

Une force quelconque, produisant un mouvement ou un effet dans n'importe quel sens, exige une résistance quelconque. Sans résistance la force cesse de produire un effet.

Si vous remuez la main ou le bras dans le vide, la force de votre bras ou de votre main agit, mais elle ne produit aucun effet, parce qu'elle ne trouve aucune résistance.

Si vous faites la même chose dans l'air ou dans l'eau, il en résultera un effet, parce que cette force trouvera une résistance.

On peut donc dire que la résistance est un aliment pour la force, s'il est question de produire un effet. Une locomotive sans train, sans tendre et sans frottement sur les rails, que ferait-elle avec toute sa force? Absolument rien.

Vous jetterez une balle de fusil plus loin qu'une boule de liége; et si vous aviez une force proportionnée, vous jetteriez une grosse bombe plus loin qu'une balle de fusil.

Considérons à présent la force impulsive immense du Soleil, force dont les effets augmentent selon que le corps en contact est plus volumineux, et nous comprendrons aisément que son pouvoir doit augmenter, si au lieu d'un, il rencontre deux corps sur la même ligne.

Les trois plus grosses planètes, à des distances cinq fois, neuf fois et dix-neuf fois plus grandes que celle de la terre, tournent en neuf et dix heures tandis que la dernière ne tourne qu'en vingt-quatre heures.

Enfin, pour toute conclusion, il a été prouvé à l'évidence, et par des chiffres positifs, que les densités établies sur des chiffres imaginaires, n'existent pas, et que si le 1er satellite de Jupiter tourne 16 fois plus vite que la Lune, ce n'est pas parce que la planète pèse seulement $2\frac{1}{2}$ fois de plus que la terre, mais parce qu'elle est 11 à 12 fois plus pesante, et qu'elle reçoit une impulsion 66 fois plus forte à cause de sa surface plus grande, et il faudrait être plus qu'aveugle pour ne pas voir que ces densités, qui répugnent du reste au bon sens, sont absurdes.

Nous pouvons regarder le Soleil comme le siége du gouvernement qui dirige le pays, et qui a chargé les planètes de diriger ses satellites, mais toujours dans le même sens; et s'il y a un peu plus d'ordre dans ce gouvernement que dans les nôtres, cela provient de ce que sa constitution est basée sur le vrai, tandis que celles qui régissent notre pauvre monde, n'y sont pas encore arrivées.

Résumé physique.

« Les émanations du fluide électrique produisent une « *impression* sur le visage ou la main, ainsi qu'une toile « d'araignée qu'on rencontrerait flottante dans l'air. »

« La quantité d'électricité est proportionnée aux sur-
« faces des corps. »

Prenons la proportion des corps électrisés, avec nos machines, qui produisent l'impression plus haut, comparons-la avec l'immense surface du Soleil, et nous ne nous étonnerons plus de la force d'impulsion que son fluide exerce sur l'atmosphère.

Pour se faire une idée de l'influence que le Soleil peut exercer sur tous les corps qu'il régit, remarquons que sa masse est de 355,000 celle de la terre, et encore 700 fois plus grande que celles de toutes les planètes réunies.

« Lorsque les corps légers ont touché le corps élec-
« trisé, il arrive que la partie d'électricité qu'ils pren-
« nent au corps suffit non-seulement pour neutraliser le
« fluide contraire dont ils sont recouverts, mais qu'ils re-
« çoivent encore un excès de fluide de la même nature que
« celui du corps; alors ils sont repoussés par le corps. »

Considérons que la plus grosse planète, Jupiter, est au Soleil, comme une orange ordinaire est à une grosse bombe de deux pieds de diamètre, et nous comprendrons que les planètes sont des petits corps qui prennent au corps électrisé du nom contraire le fluide en excès, et qu'elles sont repoussées.

A quoi servirait du reste l'attraction ici? Les planètes sont déjà assez douées de cette espèce d'attraction, par le désir d'aller au Soleil au moyen de leur pesanteur, et si le Soleil y aidait encore, nul doute qu'elles finiraient enfin par y arriver.

L'air est rayonnant. Toutes les matières rayonnantes exercent une impulsion du centre à la circonférence, ou de bas en haut; l'air étant libre devrait suivre cette loi. Mais il exerce une pression de haut en bas, et même dans tous les sens. Sans l'impulsion du fluide électrique du Soleil, ces qualités seraient absurdes parce qu'elles s'entre-détruisent.

Supplément.

CHIFFRES COMPRÉHENSIBLES POUR TOUT LE MONDE.

Révolution de Jupiter, de Saturne, d'Uranus et de Neptune.

Jupiter. Diamètre = 33,121, circonférence = 104,033 en 10 heures; en 24 heures = 249,672, en un an = 91,130,280 et en 12 ans = 1,093,563,360. Rayon ou distance au Soleil = 174,094,600.

Saturne. Diamètre = 27,529, circonférence = 88,468 en 10 heures; en 24 heures = 194,604, en un an = 69,140,460, en 29 ans = 2,005,073,340. Rayon ou distance = 319,336,600.

Uranus. On ne sait pas encore s'il a un mouvement de rotation sur son axe, mais on le présume très-fortement. Cette rotation est certaine, car sans cela il ne serait pas planète, et il ne pourrait pas faire mouvoir ses satellites. Sa distance admise est de 662,000,000. Son orbite = 3,157,313,200. Il fait sa révolution en 84 ans, et pour faire son chemin pendant ce temps, il doit tourner sur l'axe en 809 heures.

Neptune. Distance admise 1,050ons; orbite 6,510ons; son diamètre est indiqué = 16,542; la circonférence = 51,941; pour faire son chemin pendant 167 ans 182 jours, il doit tourner sur l'axe en 11,51 heures.

Il résulte de ces chiffres, que ces quatre grosses planètes font leurs révolutions par le seul effet de leurs rotations, tandis que les quatre premières reçoivent une impulsion en dehors de leurs rotations qui est pour Mercure de 277, pour Vénus de 107, la terre 65 et pour Mars 95.

PREUVE QUE LES MOUVEMENTS DES PLANÈTES SONT CAUSÉS PAR LE SOLEIL.

Nous dirons : Que les planètes sont les satellites du Soleil, comme les satellites sont ceux des planètes, et que le tout est régi par une seule et même loi, qui découle d'une seule et même cause.

D'après les distances admises, Mercure est à 85 ; Vénus à 159 ; la terre à 220 ; Mars à 336 ; Jupiter à 1148 ; Saturne à 2,105 ; Uranus à 4,233 et Neptune à 7,435 rayons solaires.

Opérant là-dessus, et prenant le Soleil pour base, nous dirons :

Mercure. Le Soleil fait par jour et par la rotation sur l'axe = 38878 × par 85 rayons de distance. = 3,304,630

Vénus.	»	»	159	»	»	= 6,171,402
La Terre.	»	»	220	»	»	= 8,553,160
Mars.	»	»	336	»	»	= 13,062,348
Jupiter.	»	»	1148	»	»	= 44,631,944
Saturne.	»	»	2105	»	»	= 81,837,190
Uranus.	»	»	4233	»	»	=164,570,574
Neptune.	»	»	7435	»	»	=289,060,930

Prenons le chiffre 4, qui correspond, sans doute, accidentellement avec le même chiffre que Képler a employé pour établir des proportions harmoniques, entre les distances moyennes des planètes au Soleil, mais qui est ici le rayon du temps que met le Soleil à tourner sur l'axe $\left(\frac{25\ 1/2}{6,282} = 4\right)$ et multiplions les résultats obtenus par ce chiffre, nous aurons :

Pour Mercure.	13,217,920
» Vénus	24,685,608
» La terre.	34,212,640
» Mars.	52,249,392
» Jupiter.	178,537,776
» Saturne.	327,348,760
» Uranus.	658,282,296
» Neptune.	1,156,243,720

Les petites différences proviennent de ce que les petites fractions ont été négligées.

AUTRES PREUVES QUE TOUS LES MOUVEMENTS ÉMANENT DU SOLEIL, ET QU'ILS S'OPÈRENT RELATIVEMENT AVEC LA MÊME VITESSE, IMPRIMÉE PAR LE MOUVEMENT DE ROTATION DE CET ASTRE.

Prenons encore les distances admises en rayons solaires, et la circonférence de cet astre pour base.

Mercure.	85×991415=	83,270,275	orbite;	rayon	=	13,330,000
Venus.	159 »	= 157,634,985	»	»	=	25,058,000
Terre.	220 »	= 218,111,300	»	»	=	34,650,000
Mars.	336 »	= 333,115,440	»	»	=	52,920,000
Jupiter.	1148 »	=1,137,934,420	»	»	=	180,810,000
Saturne.	2105 »	=2,086,928,575	»	»	=	331,537,500
Uranus.	4233 »	=4,196,659,695	»	»	=	666,697,500
Neptune.	7435 »	=7,371,170,525	»	»	=	1,173,753,260

Personne ne doute de l'exactitude des lois de Képler pour déterminer les distances. Ces lois sont appliquées à toutes les planètes sans distinction de diamètre, de volume, de masse ou de densité.

Cependant les plus grosses sont les plus éloignées du Soleil, et tournent plus vite sur leur axe que celles qui sont plus près et plus petites (Mars fait ici exception; mais nous démontrerons dans un essai suivant, qu'il appartient à la série des astéroïdes).

Le calcul qui a servi à établir les densités, a été détruit rationnellement par la physique et par les chiffres les plus incontestables, de telle manière que je n'hésiterais pas à déclarer fou, celui qui voudrait persister à les admettre.

A présent, voici un dilemme :

Ou le calcul des distances est faux, ou les planètes doivent recevoir du fluide électrique du Soleil une impulsion proportionnée à leurs surfaces, et à l'atmosphère qui les entoure, pour compenser la diversité de leurs volumes, et pour produire malgré leurs grandes différences, une uniformité dans tous les mouvements, comme les chiffres plus haut le prouvent. En d'autres termes :

L'impulsion solaire doit croître à mesure que les corps sont plus volumineux, et croître aussi, si deux corps assez rapprochés appartenant ensemble comme les satellites appartiennent aux planètes, se trouvent plus ou moins en conjonction avec le Soleil.

D'un autre côté, la cause de la lumière doit être instantanée puisque les distances ne modifient point l'uniformité des mouvements, et cette cause ne peut être autre chose que le fluide électrique, dont la vitesse n'a pas encore été mesurée.

LOIS DE KÉPLER.

Des derniers chiffres il résulte que chaque rayon de distance égale une circonférence solaire, pour former l'orbite des planètes, selon les distances admises.

Képler cherchait comme au hasard (raconte-t-il lui-même) des rapports entre les distances des planètes, et les durées de leurs révolutions ; il comparait leurs racines et leurs puissances : il en vint heureusement à comparer les carrés des temps avec les cubes des distances ; il trouva que le rapport était constant, et fut si transporté de joie à cette découverte inattendue, qu'il avait de la peine à se fier à ses calculs. Il établit cette loi :

Que les carrés des temps périodiques des planètes sont entre eux comme les cubes de leurs distances moyennes au Soleil ; en d'autres termes :

Que les racines cubiques des carrés des temps de deux planètes sont entre elles comme la distance de la première planète au Soleil est à la distance de la seconde.

Je me suis demandé pourquoi? Et je crois avoir trouvé la réponse à cette question.

C'est parce que la racine cubique du carré du temps réel du Soleil = 8, et que la racine cubique de la racine carrée du diamètre du Soleil est 8 aussi, et que la racine cubique du diamètre du Soleil = 68, et que le cube du rayon du temps du Soleil est 68 aussi (1).

Remarquons encore la singulière coïncidence qui existe pour toutes les planètes, des millions de l'orbite avec les rayons de la distance; cela prouve évidemment encore que tous les mouvements émanent du Soleil.

Résumé général.

De ces différents essais de combinaisons et des principes physiques posés, il paraît résulter :

1° Que le mouvement de rotation du Soleil produit le mouvement des planètes, comme la rotation des planètes produit celui des satellites, comme Képler l'avait déjà supposé, et que le Soleil peut être comparé à une grande roue dentelée, tournant d'orient en occident, pour mettre en mouvement d'autres petites roues, qui doivent dès lors tourner d'Occident en Orient.

2° Que les planètes sont comme attachées au fluide électrique du Soleil, variant selon les circonstances et changeant continuellement par les mouvements de rotation et de projection, et selon qu'il est attiré ou provoqué par les corps et leurs surfaces plus ou moins grandes, et plus ou moins éloignés.

3° Que les absurdes densités doivent disparaître à côté des chiffres posés, et que la diminution de ces densités, à mesure que les planètes s'éloignent du Soleil, qualifiée de contraire aux lois de la physique, n'existe pas, et

(1) N'étant ni astronome ni géomètre, je ne puis faire ces calculs plus exacts, mais les rapports existent.

qu'au contraire, selon la loi la plus rigoureuse de la physique, les plus grosses planètes sont aussi les plus lourdes, comme l'exige du reste la saine raison, puisqu'il est généralement reconnu que les planètes présentent une telle ressemblance entre elles, que l'on est porté à croire qu'elles proviennent d'une même source, et que c'est là aussi la cause qu'elles se meuvent plus lentement dans leurs orbites, mais qu'elles reçoivent par compensation, et à cause de leurs atmosphères plus considérables, une impulsion plus forte qui leur permet de faire un plus grand chemin par la vitesse de leurs rotations, tandis que les plus légères sont aidées et entraînées par le fluide solaire qui les amène par sa rotation.

4° Que les perturbations qu'éprouvent les planètes selon leurs positions respectives et relatives au Soleil, proviennent, non de l'attraction de ces corps entre eux, qui n'existe pas parce qu'elle est absurde par la raison qu'ils ne peuvent se trouver à la fois dans toutes les sphères d'activité qui dès lors n'existeraient plus du tout; mais qu'elles proviennent de la plus grande ou plus petite dose de fluide qui leur arrive, selon qu'ils se trouvent plus ou moins en conjonction ou en opposition entre eux et relativement au Soleil.

5° Que les mouvements seraient uniformes et ressembleraient à l'aiguille d'un pendule, si tous les diamètres étaient égaux et que les rotations sur l'axe s'accomplissaient en temps égaux aussi.

6° Que tous les mouvements sont des effets de l'impulsion solaire imprimée aux planètes, qui se communique par leurs rotations aux satellites.

7° Que la cause de tous les mouvements ne peut être une autre que celle produite par le Soleil au moyen de son pouvoir électrique.

8° Que le Soleil fait tourner et marcher les planètes, et que les planètes font marcher et tourner le Soleil.

9° Que si le Soleil pouvait tourner, ou tournait librement en 25 ½ jours sur son axe sans être retenu par le travail de diriger et de tenir à distance les planètes, il se déplacerait à tel point, qu'il serait déjà depuis longtemps arrivé aux étoiles ; mais qu'il faut réellement admirer le mécanisme céleste, qui a établi partout des compensations physiques, comme il en existe sur la terre pour toutes les positions, et qui rendent la destruction impossible.

10° Que les satellites doivent entrer en ligne de compte dans les calculs basés sur les diamètres, parce qu'ils gênent plus ou moins le mouvement des planètes.

11° Que l'atmosphère est une *conditio sine qua non* des rotations, qu'elle doit être proportionnée aux diamètres des planètes, et qu'une atmosphère sans eau est impossible.

12° Que l'atmosphère sert pour ainsi dire de manteau à tout ce qui vit, pour garantir contre le froid absolu du vide.

13° Que la chaleur doit être d'autant plus grande que l'impulsion solaire presse plus directement sur l'atmosphère, et que l'électricité consomme plus de gaz hydrogène.

14° Que si la lumière du Soleil nous arrive en 8′13″, c'est parce que ce temps est nécessaire pour opérer la pression ou tension exercées sur l'atmosphère par le fluide électrique ; mais que la cause de la lumière doit être instantanée, parce qu'elle existe une fois et ne cesse pas pour recommencer, étant continue, et que finalement.

15° Aucune autre lumière ne nous arrive que celles du Soleil, de la Lune et selon sa position un peu de Vénus, parce que toute lumière qui nous arrive, doit avoir le pouvoir de projeter des ombres portées, et que ces ombres portées n'ont lieu que pour ces trois lumières citées; que les étoiles ne nous envoient aucune lumière, et que nous n'en voyons que les foyers comme nous verrions un flambeau allumé dans le lointain, sans que pour cela sa lumière nous arrive.

FIN DE LA TROISIÈME PARTIE ET DE CE PREMIER ESSAI.

Dans un second essai nous essayerons quelques observations sur les astéroïdes et les satellites en général; sur les comètes et les aérolithes, et nous développerons plusieurs phénomènes physiques, optiques, géologiques et autres, sur lesquels l'opinion n'est pas encore fixée; nous établirons la preuve physique et mathématique que Mercure n'est pas planète, qu'il ne tourne pas sur l'axe et qu'il n'est que le satellite réel du Soleil.

TABLE DES MATIÈRES.

FIN DE LA TABLE DES MATIÈRES.

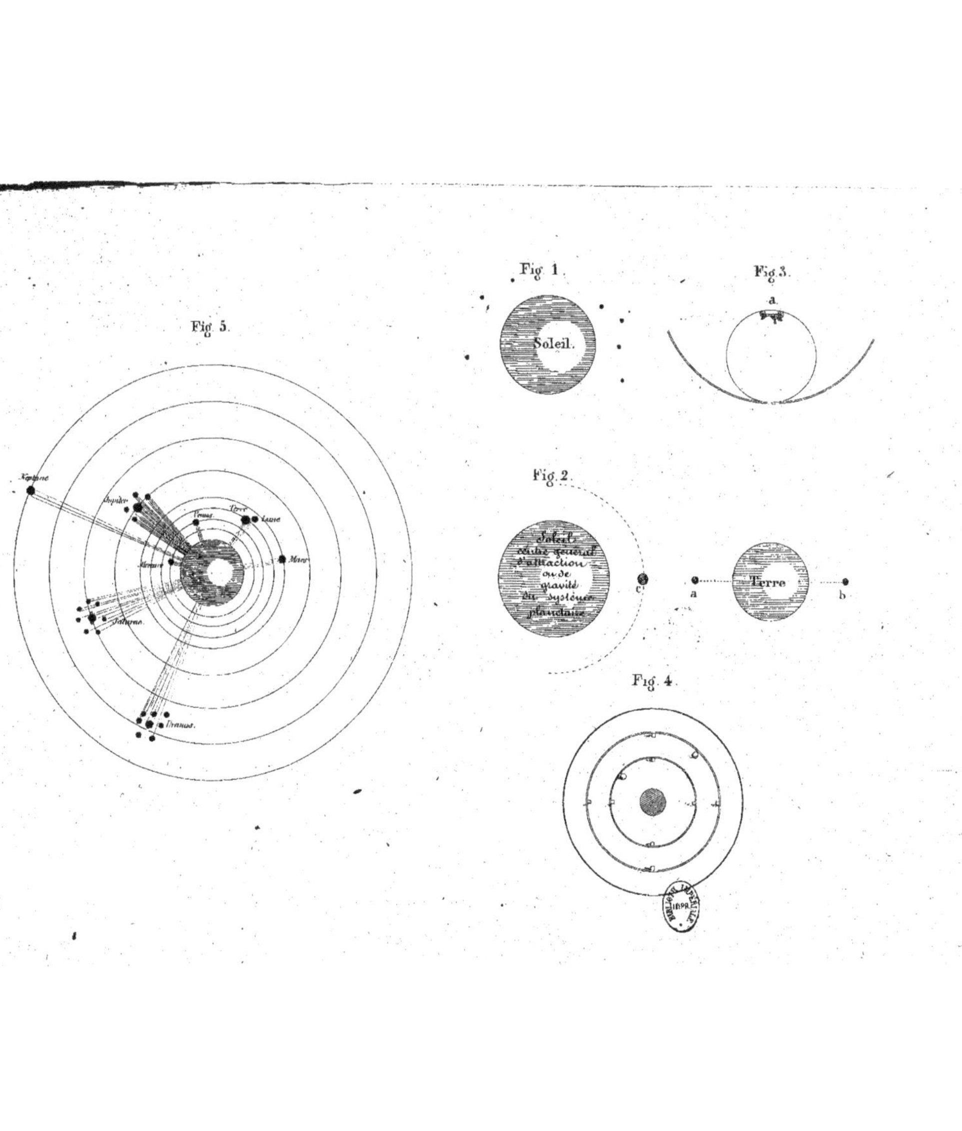
Fig. 1.
Soleil.
Fig. 3.
a.
Fig. 5.
Neptune
Jupiter
Vénus
Terre
Lune
Mercure
Mars
Saturne.
Uranus.
Fig. 2.
Soleil
centre général
d'attraction
ou de
gravité
du système
planétaire
c
a
Terre
b
Fig. 4.

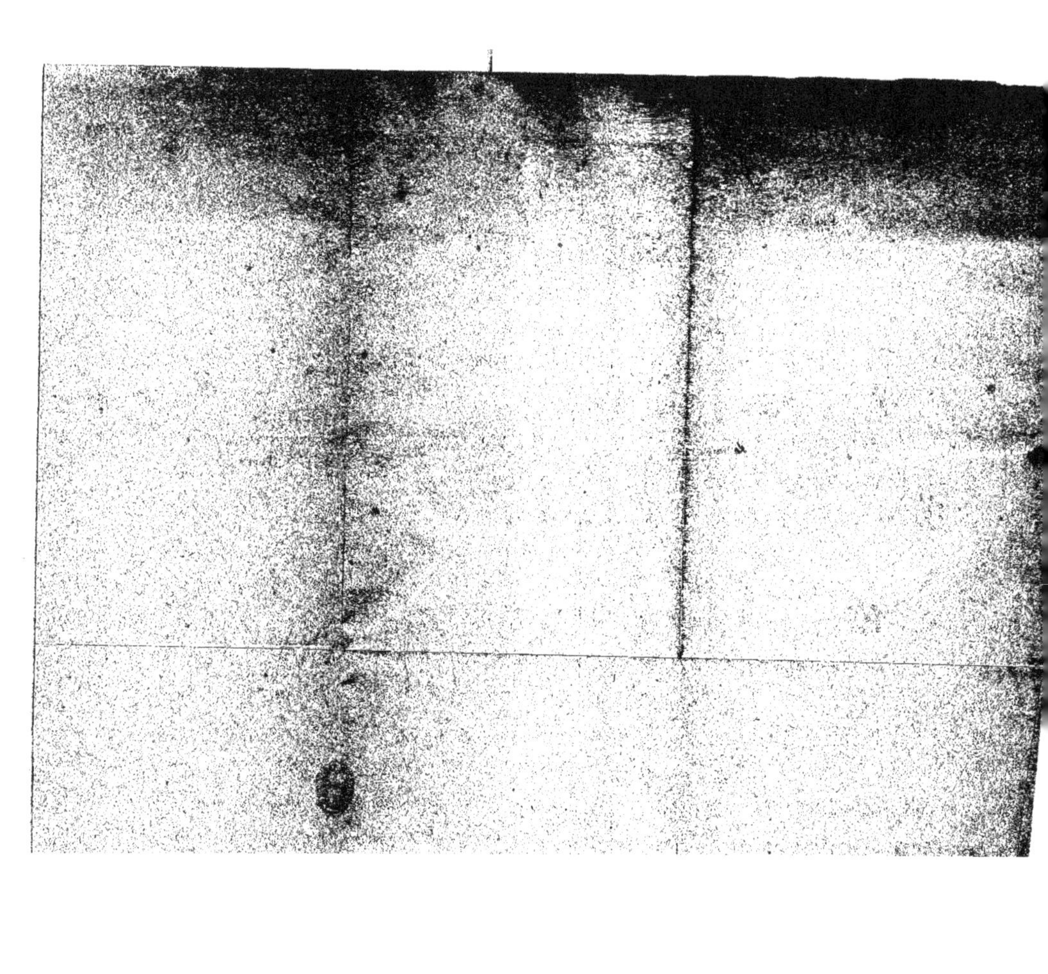

www.ingramcontent.com/pod-product-compliance
Ingram Content Group UK Ltd.
Pitfield, Milton Keynes, MK11 3LW, UK
UKHW031051260726
13965UKWH00006B/1339